全国技工院校计算机类专业（中／高级技能层级）

计算机应用基础

（Windows 10+WPS Office版）

实训题集

主　编　贾云富
副主编　甘金燕

中国劳动社会保障出版社

简介

本书是全国技工院校计算机类专业教材（中 / 高级技能层级）《计算机应用基础（Windows 10+WPS Office 版）》的配套实训题集。

全书按照教材模块、项目顺序编排，根据教材讲授的知识技能设置实训任务，具有较强的可操作性和拓展性，帮助学生进一步巩固所学知识，锻炼实际操作技能。

完成本书中实训项目所需的相关素材可通过技工教育网（http://jg.class.com.cn）下载使用。

本书由贾云富任主编，甘金燕任副主编，叶文秀、王宁娟、何晓阳、陈鹏参与编写。

图书在版编目（CIP）数据

计算机应用基础（Windows 10+WPS Office 版）实训题集 / 贾云富主编. -- 北京：中国劳动社会保障出版社，2023

全国技工院校计算机类专业：中 / 高级技能层级

ISBN 978-7-5167-5727-7

Ⅰ. ①计… Ⅱ. ①贾… Ⅲ. ①Windows操作系统 – 职业教育 – 习题集②办公自动化 – 应用软件 – 职业教育 – 习题集 Ⅳ. ①TP316.7-44②TP317.1-44

中国国家版本馆 CIP 数据核字（2023）第 057758 号

中国劳动社会保障出版社出版发行

（北京市惠新东街 1 号 邮政编码：100029）

*

北京宏伟双华印刷有限公司印刷装订 新华书店经销

787 毫米 × 1092 毫米 16 开本 8 印张 157 千字

2023 年 5 月第 1 版 2025 年11月第 8 次印刷

定价：21.00 元

营销中心电话：400-606-6496

出版社网址：http://www.class.com.cn

http://jg.class.com.cn

目　录

CONTENTS

模块一　精巧的计算机系统

模块二　精致的电子文档

模块三　精准的表格数据

模块四　精美的演示文稿

模块五　精彩的网络资源

模块一

精巧的计算机系统

实训项目一
查看计算机配置——计算机基础知识

一、实训任务

计算机系统由硬件系统和软件系统两大部分构成。为了更好地使用计算机，有必要了解自己所使用计算机的硬件资源、软件资源的配置情况。仔细观察实训使用的计算机：它有哪些外部设备？它们是如何连接到主机相应的接口上的？正常启动计算机，查看并记录计算机的硬件资源、软件资源的安装配置信息。

二、任务分析

要完成本项目，应按照以下思维导图复习教材中学到的知识技能点。

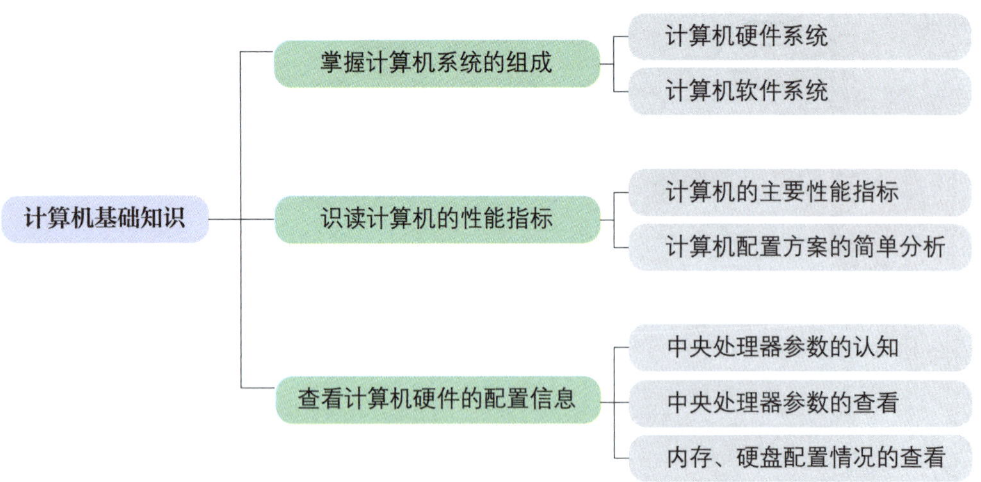

计算机资源主要是指计算机的硬件、软件和数据资源。进入操作系统之后，查看计算机硬件资源、软件资源的方法有多种，包括查询“系统”窗口信息、使用“设备管理器”、使用 dxdiag 系统诊断工具、使用专用的工具软件等。

三、制订计划

根据任务分析，制订完成本项目的实训计划，填入表 1–1–1 中。

表 1–1–1　实训计划

序号	工作内容	所需时间
1		
2		
3		
4		

四、任务实施

认真观察外设及其与计算机主机的连接情况，启动计算机，使用操作系统已有的功能完成计算机各项基本信息的查看，主要操作步骤提示见表 1–1–2。

表 1–1–2　操作步骤提示

序号	操作步骤	内容
1	观察显示器	观察显示器的品牌、屏幕尺寸、电源开关位置，根据个人情况调节屏幕参数（亮度、对比度、色温等）
2	观察主机箱	找到主机电源开关、电源指示灯、复位开关、USB 接口、键盘、鼠标、显示器、耳机、音箱、麦克风的接口位置
3	检查键盘、鼠标	检查键盘、鼠标与计算机的连接情况
4	启动计算机	打开显示器电源，再打开主机电源。观察操作系统引导启动的过程
5	查看计算机硬件资源信息	在“此电脑”上单击鼠标右键，选择“属性”，在“设置”对话框中，选择“关于”，查看计算机的处理器型号、内存容量等信息

续表

序号	操作步骤	内容
6	查看硬盘分区和存储器容量信息	双击打开“此电脑”，查看计算机分区和存储器容量情况
7	查看计算机软件资源信息	在“开始”菜单中打开“设置”对话框，单击“应用”，查看计算机中已安装的软件
8	关闭计算机	关闭所有正在运行的应用程序，然后单击“开始”菜单，选择“关机”按钮，待计算机的主机自动关闭后再关闭显示器

将实训过程中遇到的疑点、难点及相应的解决方法和心得体会记录在表 1–1–3 中，并在组内进行讨论和分享。

表 1–1–3　经验和心得记录

序号	涉及的操作步骤	经验和心得

五、总结与评价

实训任务完成后，以适当的形式在班级内展示学习成果，交流学习心得，并归纳、总结实训中的收获，纳入思维导图中。

采用学生自评、学生互评与教师评价相结合的多元评价方式，按表 1–1–4 所列评价项目完成实训评价。

表 1-1-4　实训评价

序号	评价项目	评价要求	分值	学生自评/30%	学生互评/30%	教师评价/40%
1	自主复习	实训前能应用思维导图复习、总结学过的内容	5			
2	计划制订	对实训任务的分析准确、到位，有明确与可行的操作步骤	10			
3	任务实施及检查评估	操作熟练、得当，成果能满足任务要求，具体包括： 1. 能合理调整显示器参数（10 分） 2. 能指出主机箱各接口与外设的连接情况（20 分） 3. 能正确启动和关闭计算机（10 分） 4. 能查看计算机 CPU、内存、硬盘等硬件资源信息并叙述其作用（20 分） 5. 能查看计算机中已安装的系统软件和应用软件并叙述其作用（10 分）	70			
4	成果展示及学习心得交流	成果展示与汇报时，能使用专业术语，口头表达准确，语言清晰流畅，发言声音洪亮，倾听汇报耐心，仪态大方	10			
5	自主总结	能将实训后的收获进行梳理、总结并纳入思维导图中	5			
6	6S 规范	每发现 1 次不符合规范的操作扣 2 分；若违反安全操作规范实训成绩记 0 分	/			
综合得分			100			

六、实训拓展

1. 选购移动硬盘

在日常学习工作中，经常需要将计算机中存储的文件在不同设备间移动和使用。对于有大容量数据存储需求的用户来说，移动硬盘可谓是首选。移动硬盘是以硬盘为存储介质，可与计算机之间交换大量数据，具有较强便携性的存储产品。查阅相关资料，了解移动硬盘的主要参数，通过对比接口类型、容量、读写速度、体积、重量等参数，选取一款能满足学生日常生活使用的移动硬盘，将主要参数记录在表 1-1-5 中。

表 1-1-5　选购参数记录

序号	操作步骤	内容
1	移动硬盘型号	
2	品牌	
3	容量	
4	读写速度	
5	接口类型	
6	其他功能	
7	系统要求	
8	体积、重量	

2. 认识计算机中常见的接口

计算机中常见的外部接口有电源接口、键盘和鼠标接口、音频接口、视频接口、USB 接口、网络接口等。

图 1-1-1 中分别给出了电源接口、HDMI 视频接口、VGA 视频接口、USB Type-A 接口、USB Type-C 接口插头和插座的形状，把接口的名称填入括号中，并通过连线将对应的插头和插座连接起来。

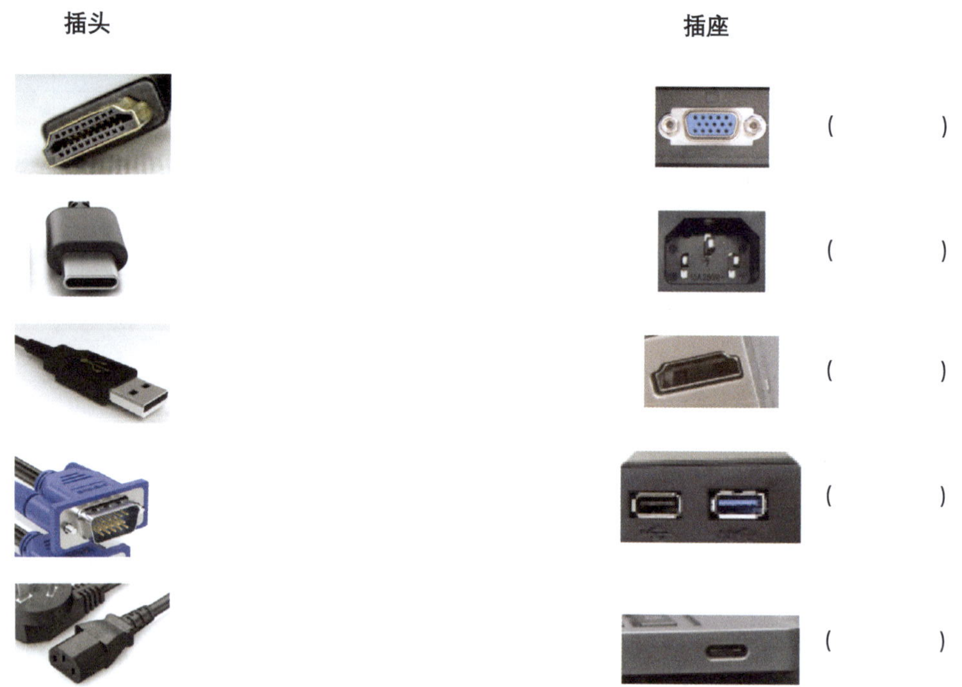

图 1-1-1　计算机中常见的外部接口

七、知识巩固与提高

1. 判断题

（1）计算机软件系统是由系统软件和应用软件组成的。（　　）

（2）内存可以长期保存信息。（　　）

（3）计算机中的指令和数据采用二进制存储。（　　）

（4）目前普遍使用的计算机采用晶体管作为其基本逻辑部件。（　　）

（5）键盘、鼠标、硬盘都是输入设备。（　　）

2. 单选题

（1）计算机硬件系统由运算器、（　　）、存储器、输入设备和输出设备五大部件组成。

A. 控制器　　B. 资源管理器　　C. GPU　　D. CPU

（2）保持计算机正常运行必不可少的输入输出设备是（　　）。

A. 键盘和鼠标　　B. 显示器和打印机

C. 键盘和显示器　　D. 鼠标和键盘

（3）在计算机中“GB”是表示（　　）的单位。

A. 运算速度　　B. 存储容量　　C. 时钟频率　　D. 传输速度

（4）U 盘属于（　　）。

A. 输入设备　　B. 输出设备　　C. 外存储器　　D. 内存储器

（5）微处理器把运算器和（　　）集成在一块很小的芯片上，是一个独立的部件。

A. 控制器　　B. 内存储器　　C. 输入设备　　D. 输出设备

（6）系统软件中最重要的是（　　）。

A. 解释程序　　B. 操作系统

C. 数据库管理系统　　D. 工具软件

（7）一个完整的计算机系统通常包括（　　）。

A. 控制器和运算器　　B. CPU 和 I/O 设备

C. 硬件系统和软件系统　　D. 操作系统和计算机设备

（8）下列选项中，对计算机软件描述正确的是（　　）。

A. 计算机软件不需要维护

B. 计算机软件只要能通过复制获取就不必购买

C. 计算机软件不必备份

D. 受法律保护的计算机软件不能随便复制

（9）反病毒软件是一种（　　）。

A. 操作系统　　B. 语言处理程序

C. 应用软件　　D. 高级语言的源程序

（10）要查看磁盘剩余空间的大小，可在“此电脑”中使用鼠标右键单击该磁盘的图标，然后单击（　　）。

A.“查看”　　B.“打开”　　C.“系统”　　D.“属性”

实训项目二
设置个性化桌面——计算机的基本操作

一、实训任务

每天打开计算机，首先迎接用户的便是桌面，桌面已成为人们工作学习必不可少的伙伴。根据个人习惯为计算机桌面进行个性化设置既可以使人心情愉悦，又可以充分满足个人的使用需求。对自己所用的计算机完成以下设置：设置一个自己喜欢的桌面主题；选择一幅图片作为桌面背景；选择一幅图片作为锁屏界面；设置屏幕保护。

二、任务分析

要完成本项目，应按照以下思维导图复习教材中学到的知识技能点。

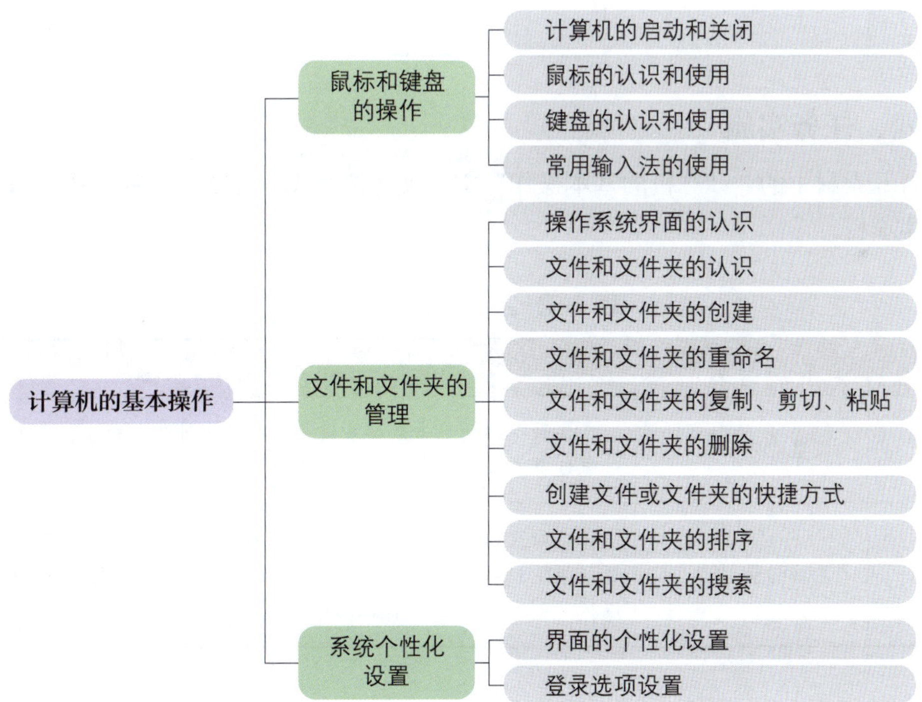

进行桌面的个性化设置时，注意观察和尝试系统中提供的各项设置参数，对比差异，选择展示效果最好的一种来使用。对于桌面背景图片的选择，应充分注意美观性和实用性，避免使用过程中对桌面上图标的辨识造成困扰。

三、制订计划

根据任务分析，制订完成本项目的实训计划，填入表 1-2-1 中。

表 1-2-1　实训计划

序号	工作内容	所需时间
1		
2		
3		
4		
5		

四、任务实施

打开素材中的“计算机的基本操作”文件夹，按照表 1-2-2 列出的操作步骤提示完成本项目。

表 1-2-2　操作步骤提示

序号	操作步骤	内容
1	设置主题	在桌面空白处单击鼠标右键，选择“个性化”命令，在个性化对话框中选择“主题”，并将主题更改为“Windows 10”
2	更换背景	在桌面空白处单击鼠标右键，选择“个性化”命令，在个性化对话框中选择“背景”，单击“浏览”按钮，将“计算机的基本操作”文件夹中的“tp1.jpg”图片设定为桌面背景

续表

序号	操作步骤	内容
3	设置锁屏界面	在桌面空白处单击鼠标右键，选择“个性化”命令，在个性化对话框中选择“锁屏界面”，将“背景”设为“幻灯片播放”，并为幻灯片放映选择相册，添加“计算机的基本操作”文件夹中的“HDP”文件夹
4	自定义桌面图标	在桌面空白处单击鼠标右键，选择“个性化”命令，在个性化对话框中选择“主题”，选择“桌面图标设置”，在“桌面图标设置”对话框中，设定显示的桌面图标有计算机、回收站、控制面板、用户的文件、网络等

将实训过程中遇到的疑点、难点及相应的解决方法和心得体会记录在表 1-2-3 中，并在组内进行讨论和分享。

表 1-2-3　经验和心得记录

序号	涉及的操作步骤	经验和心得

五、总结与评价

实训任务完成后，以适当的形式在班级内展示学习成果，交流学习心得，并归纳、总结实训中的收获，纳入思维导图中。

采用学生自评、学生互评与教师评价相结合的多元评价方式，按表 1-2-4 所列评价项目完成实训评价。

表 1-2-4 实训评价

序号	评价项目	评价要求	分值	学生自评/30%	学生互评/30%	教师评价/40%
1	自主复习	实训前能应用思维导图复习、总结学过的内容	5			
2	计划制订	对实训任务的分析准确、到位，有明确与可行的操作步骤	10			
3	任务实施及检查评估	操作熟练、得当，成果能满足任务要求，具体包括： 1. 能正确设置主题（15 分） 2. 能更换背景（15 分） 3. 能正确设置锁屏界面（20 分） 4. 能正确设定图标（20 分）	70			
4	成果展示及学习心得交流	成果展示与汇报时，能使用专业术语，口头表达准确，语言清晰流畅，发言声音洪亮，倾听汇报耐心，仪态大方	10			
5	自主总结	能将实训后的收获进行梳理、总结并纳入思维导图中	5			
6	6S 规范	每发现 1 次不符合规范的操作扣 2 分；若违反安全操作规范实训成绩记 0 分	/			
		综合得分	100			

六、实训拓展

1. 自定义任务栏

Windows 10 的任务栏功能强大，由“开始”菜单、快速启动栏、活动任务栏、通知提示栏等几部分组成。

张同学近期经常要使用“画图”程序、Edge 浏览器和“学习资料”文件夹，为方便操作，请把它们锁定（添加）到任务栏中。

2. 管理好自己的文件

新的学期开始了，思政、语文、数学、计算机应用基础等课程配套下发了许多学习资料，有学习工作页、微课视频、作业素材、电子书等。参考图 1-2-1 所示结构，在计算机 D 盘上创建文件和文件夹，以便后期对学习资源进行管理。

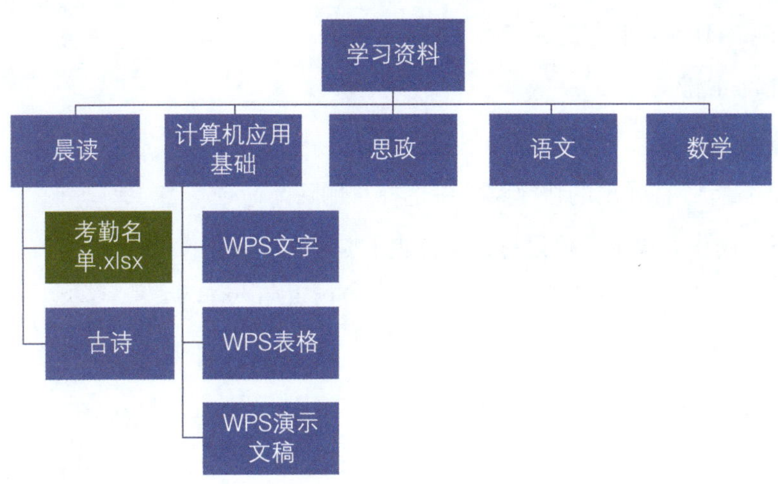

图 1-2-1　创建文件和文件夹

七、知识巩固与提高

1. 判断题

（1）操作系统的桌面图片是不可修改的。（　　）

（2）可以在任何位置通过单击鼠标右键进行新建文件操作。（　　）

（3）文件的扩展名可以任意更改。（　　）

（4）并非所有文件都有扩展名。（　　）

（5）任务栏的位置是可以更改的。（　　）

2. 单选题

（1）要选定多个不连续的文件，应该按住（　　）键不放。

A. Ctrl　　B. Shift　　C. Alt　　D. Tab

（2）下列关于“剪贴板”的说法中，错误的是（　　）。

A. 剪贴板实际上是内存中的一块区域

B. 复制到剪贴板的信息只能粘贴一次

C. 利用剪贴板可以在应用程序之间交换数据

D. 将剪贴板中的网页信息粘贴到记事本后，只保留了文本信息

（3）下列选项中，均属于操作系统的是（　　）。

A. Windows、Linux、Harmony OS　　B. Mac OS、WPS Office、Windows

C. Android、Windows、Word　　D. Word、Excel、iOS

（4）在 Windows 中，在选定文件或文件夹后，将其彻底删除的操作是（　　）。

A. 按 Shift+Delete 组合键

B. 按 Delete 键

C. 用鼠标将其拖入回收站

D. 右击鼠标，在弹出的快捷菜单中选择“删除”命令

（5）下列操作方式中，可以打开文件夹的是（　　）。

A. 单击文件夹　　B. 双击文件夹

C. 右击文件夹　　D. 拖动文件夹

（6）使用下列扩展名的文件，不能用 WPS 文字打开的是（　　）。

A. .doc　　B. .docx　　C. .jpg　　D. .wps

（7）在为文件命名时，可以使用的字符是（　　）。

A. ~　　B. \　　C. /　　D. *

（8）下列快捷键中用于复制的是（　　）。

A. Ctrl+V　　B. Ctrl+C　　C. Ctrl+Shift+V　　D. Shift+C

（9）文件的类型可以根据文件的（　　）来识别。

A. 大小　　B. 扩展名　　C. 用途　　D. 存放位置

（10）关于“快捷方式”，下列叙述中错误的有（　　）。

A. 快捷方式就是桌面上的一个图标，它指向相应的应用程序或文件的位置

B. 删除一个快捷方式会彻底删除与这个快捷方式相对应的应用程序

C. 删除一个快捷方式只是删除了图标，不影响它所指向的文件

D. 删除了快捷方式，对应的应用程序仍然可以运行

模块二

精致的电子文档

实训项目一
制作征稿启事——WPS 文字的录入

一、实训任务

书法是中国特有的一种传统文化。汉字是劳动人民创造的，从图画记事开始，经过几千年的发展，演变成了当今使用的文字。某学院校报编辑组要出版一期书法特刊，需制作一份征稿启事，完成后的效果如图 2–1–1 所示。

书法特刊征稿启事

为弘扬中华民族的优秀传统文化，进一步加强中华民族优秀传统文化教育，提高青少年汉字书写水平，感受汉字中的人文精神和道德底蕴，展示汉字的艺术魅力和时代风采，学院校报拟出版一期“书法特刊”。希望同学们踊跃投稿。具体要求如下：

一、作品内容：包含诗歌、楹联、文、赋等形式的传统文化内容。

二、作品类别：分为硬笔书法和毛笔书法两类。

🕮硬笔类作品要求：尺寸不超过 A3，可以临习古代经典法帖。工具、书体、形式不限。篆书、草书请附释文。

🕮毛笔类作品要求：四尺宣纸以内，可以临习古代经典法帖。书体、形式不限。作品无需装裱。篆书、草书请附释文。

三、作品落款应为真实姓名，稿件请于 10 月 20 日前交给班级宣传委员，10 月 21 日前由班级宣传委员交到学院校报编辑组。

学院校报编辑组

2023 年 9 月 20 日

图 2-1-1　征稿启事

二、任务分析

要完成本项目，应按照以下思维导图复习教材中学到的知识技能点。

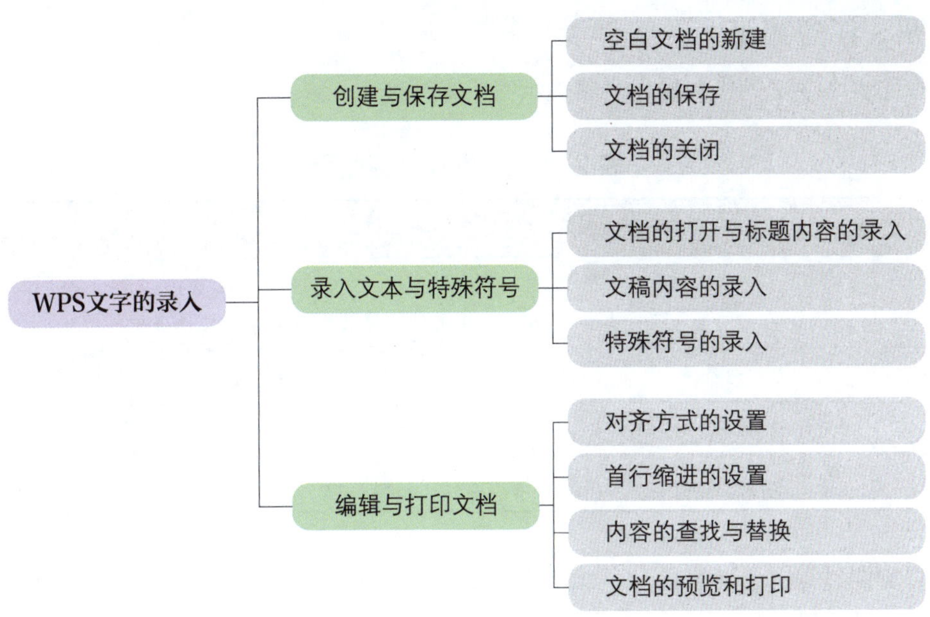

完成本项目需要新建一个空白 WPS 文字文档，在文档中录入文本内容、常用符号、特殊符号；完成内容录入后要正确设置标题、落款的对齐方式等；检查无误后预览并打印此文档。在完成项目的过程中，应注意使用键盘录入常用符号的方法和技巧，以及插入特殊符号的方法。

三、制订计划

根据任务分析，制订完成本项目的实训计划，填入表 2–1–1 中。

表 2–1–1　实训计划

序号	工作内容	所需时间
1		
2		
3		
4		

四、任务实施

按照表 2-1-2 列出的操作步骤提示完成本项目。

表 2-1-2　操作步骤提示

序号	操作步骤	内容
1	新建并命名文档	在 WPS Office 程序中，新建一个空白 WPS 文字文档，以“征稿启事 .docx”为文件名将其保存至学生文件夹中
2	录入文本与符号	按照图 2-1-1，录入文字、数字、标点符号、特殊符号等
3	保存文档	按 Ctrl+S 组合键保存文档
4	预览和打印文档	预览文档无误后，打印文档

将实训过程中遇到的疑点、难点及相应的解决方法和心得体会记录在表 2-1-3 中，并在组内进行讨论和分享。

表 2-1-3　经验和心得记录

序号	涉及的操作步骤	经验和心得

五、总结与评价

实训任务完成后，以适当的形式在班级内展示学习成果，交流学习心得，并归纳、总结实训中的收获，纳入思维导图中。

采用学生自评、学生互评与教师评价相结合的多元评价方式，按表 2-1-4 所列评价项目完成实训评价。

表 2-1-4　实训评价

序号	评价项目	评价要求	分值	学生自评/30%	学生互评/30%	教师评价/40%
1	自主复习	实训前能应用思维导图复习、总结学过的内容	5			
2	计划制订	对实训任务的分析准确、到位，有明确与可行的操作步骤	10			
3	任务实施及检查评估	操作熟练、得当，成果能满足任务要求，具体包括： 1. 能使用正确的方法新建 WPS 文字文档，并命名文档（10 分） 2. 能在 30 min 中内完成内容的录入（30 分） 3. 能正确设置征稿启事的内容格式（10 分） 4. 能使用正确的名称、文件类型和存储路径保存文件（10 分） 5. 能正确预览和打印文档（10 分）	70			
4	成果展示及学习心得交流	成果展示与汇报时，能使用专业术语，口头表达准确，语言清晰流畅，发言声音洪亮，倾听汇报耐心，仪态大方	10			
5	自主总结	能将实训后的收获进行梳理、总结并纳入思维导图中	5			
6	6S 规范	每发现 1 次不符合规范的操作扣 2 分；若违反安全操作规范实训成绩记 0 分	/			
	综合得分		100			

六、实训拓展

1. 录入“一封写给自己的信”

我们是“中国梦”的建设者，只有现在脚踏实地努力学习，奋发进取，才会创造美好的未来。参照图 2-1-2 所示内容，完成“一封写给自己的信”的内容录入。

致现在的自己:

从踏入校园的第一天起，你就应当对未来几年的校园生活有一个正确的认识和规划。为了能让自己快乐地学习，为了能在毕业时顺利就业，你应当学会以下几点:

一、学会做人。修人先修德，坚持以德立身，并懂得责任与感恩，是每一个人学做人的最初要求。懂得责任，好比打地基，地基不稳，再高的楼房也会倒下。“滴水之恩，当涌泉相报。”应懂得感谢那些帮助你的家人、老师、朋友、同学。以礼待人，以感恩之心待人。

二、学会主动学习。没有人比你自己更在乎未来的你。因此，进入校园后应树立自主学习的学习观。制订计划和目标，积极、主动地培养自己、锻炼自己，并且不断探索和逐步建立适合自己的学习方法，提高学习能力和学习效率。

三、学会操作技能。作为新时代的青年，应为实现中华民族伟大复兴的中国梦而不懈奋斗！立鸿鹄志，做奋斗者，走技能成才路，树技能报国志。现处于学生时代的你要有本领不够、才干不足的紧迫感，刻苦学习，学好知识与技能。

四、学会掌控时间。时间是你最宝贵的财产，懒惰是你致命的弱点，要养成早睡早起的习惯，提前做好规划，列好任务清单，定期归档，做好学习总结，劳逸结合。

五、学会解决问题。你需要培养积极解决问题的习惯。解决问题的方法有很多，可以是独立解决问题或是请求同学、老师的帮助。一个真正优秀的人应该是一个会思考、会学习、会解决问题的人。

刚踏入校门时，你还是一个忙碌的、青涩的、被动的中学毕业生；而在校学习时，你应是一名学会做人，学会主动学习，学会操作技能，学会掌控时间，学会解决问题的优秀学生；离开学校时，你应收获技能和自信，成为一个有潜力、有思想、有价值、有前途的中国未来的主人翁。

姓名：XXX

XXXX 年 XX 月 XX 日

图 2-1-2　一封写给自己的信

2. 录入“中华文化之国粹——茶艺”

茶是中国人日常生活中不可缺少的一部分，中国有句俗语：“开门七件事——柴、米、油、盐、酱、醋、茶。”饮茶习惯在中国人身上根深蒂固，已有上千年历史。按以下要求完成“中华文化之国粹——茶艺”文档的录入。

（1）新建一个空白 WPS 文字文档，以“中华文化之国粹——茶艺 .docx”命名，保存至学生文件夹中。

（2）按照图 2-1-3a 所示，录入文字、标点符号、特殊符号等。

（3）打开素材中的“茶艺 b.docx”，将文档中全部内容复制到“中华文化之国粹——茶艺 .docx”文档中，作为文档的第三段。

（4）将文档中所有“茶亿”替换为“茶艺”，完成替换后的效果如图 2-1-3b 所示。

❀茶艺，萌芽于唐，发扬于宋，改革于明，极盛于清，可谓历史悠久，自成一派。

❀ 茶艺是一种文化。茶艺在中国优秀文化的基础上又广泛吸收和借鉴了其他艺术形式，并扩展到文学、艺术等领域，形成了具有浓厚民族特色的中国茶文化，包括茶叶品评技法和艺术操作手段的鉴赏，以及美好品茗环境的领略等整个品茶过程的美好意境，其过程体现形式和精神的相互统一，是饮茶活动过程中形成的文化现象。

a）

❀茶艺，萌芽于唐，发扬于宋，改革于明，极盛于清，可谓历史悠久，自成一派。

❀茶艺是一种文化。茶艺在中国优秀文化的基础上又广泛吸收和借鉴了其他艺术形式，并扩展到文学、艺术等领域，形成了具有浓厚民族特色的中国茶文化，包括茶叶品评技法和艺术操作手段的鉴赏，以及美好品茗环境的领略等整个品茶过程的美好意境，其过程体现形式和精神的相互统一，是饮茶活动过程中形成的文化现象。

茶艺包括：选茗、择水、烹茶技术、茶具艺术、环境的选择与创造等一系列内容。茶艺背景是衬托主题思想的重要手段，它渲染茶性清纯、幽雅、质朴的气质，增强艺术感染力。不同风格的茶艺有不同的背景要求，只有选对了背景才能更好地领会茶的滋味。

b）

图 2-1-3　中华文化之国粹——茶艺

a）待录入文本　b）完成替换后的效果图

七、知识巩固与提高

1. 判断题

（1）在 WPS 文字编辑状态下，在文档中连续三次单击鼠标可以选定段落。（　　）

（2）在 WPS 文字编辑状态下，每按一次 Enter 键，就会产生一个新的段落。（　　）

（3）在 WPS 文字中，已打开多个文档时，执行窗口的关闭命令按钮可以将所有文档关闭。（　　）

（4）退出 WPS 文字程序的快捷键为 Alt+F4。（　　）

（5）在 WPS 文字中，需要输入特殊的符号时，可以使用“插入”选项卡中的“符号”命令来实现。（　　）

2. 单选题

（1）在 WPS 文字中，新建一个 WPS 文字文档的快捷键是（　　）。

A. Ctrl+P　　B. Ctrl+O　　C. Ctrl+N　　D. Ctrl+F

（2）在 WPS 文字中，打开一个已有的 WPS 文字文档的快捷键是（　　）。

A. Ctrl+S　　B. Ctrl+O　　C. Ctrl+N　　D. Ctrl+Y

（3）WPS 文字不可以打开（　　）类型的文件。

A. *.wps　　B. *.txt　　C. *.docx　　D. *.jpg

（4）在 WPS 文字中，对文本执行“剪切”命令后，文本被放置在（　　）。

A. 硬盘上　　B. 剪贴板中　　C. CPU 中　　D. 文档中

（5）要完成第（4）题的操作，可使用的快捷键是（　　）。

A. Ctrl+Z　　B. Ctrl+V　　C. Ctrl+Y　　D. Ctrl+X

（6）在 WPS 文字中，可以使插入点快速移到文档开头的快捷键是（　　）。

A. Ctrl+Home　　B. Alt+Home　　C. Home　　D. Page Up

（7）如果已知要查找内容所在的页数、节数等位置信息，可以用“定位”命令跳到该位置。选择“(　　)”选项卡中的“定位”命令可打开“定位”对话框。

A. 开始　　B. 插入　　C. 页面布局　　D. 引用

（8）在 WPS 文字中，录入感叹号“!”的方法是按下（　　）。

A. [!1]键　　B. Shift+[!1]组合键

C. Ctrl+[!1]组合键　　D. Alt+[!1]组合键

（9）“查找”功能的快捷键是（　　）。

A. Ctrl+H　　B. Ctrl+F　　C. Ctrl+Y　　D. Ctrl+G

（10）使用 WPS 文字录入时，需要录入特殊符号“☎”时，可以在“(　　)”选项卡中打开“符号”命令。

A. 开始　　B. 插入　　C. 页面布局　　D. 引用

实训项目二
制作校园板报——WPS 文字的编辑

一、实训任务

电气专业的梁同学参加学院举办的校园板报征文比赛，已完成参赛文章《我的人生我做主》的录入工作，现需要对文档进行编辑排版，完成后的效果如图 2-2-1 所示。

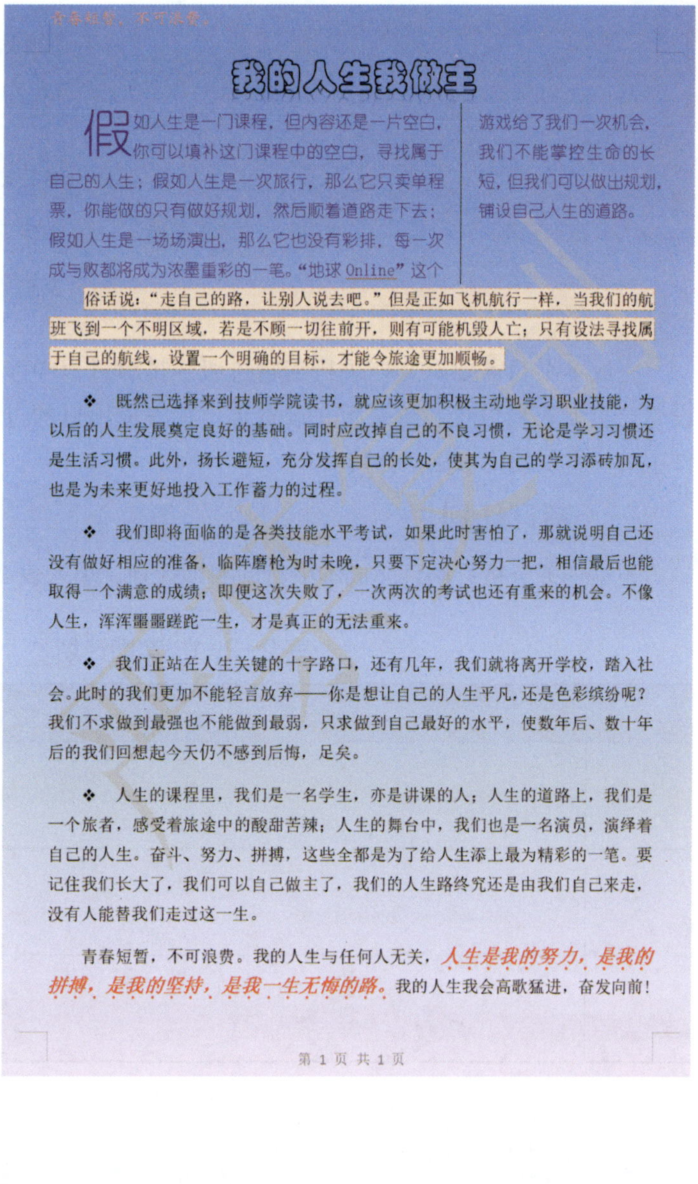

青春短暂，不可浪费。

我的人生我做主

假如人生是一门课程，但内容还是一片空白，你可以填补这门课程中的空白，寻找属于自己的人生；假如人生是一次旅行，那么它只卖单程票，你能做的只有做好规划，然后顺着道路走下去；假如人生是一场场演出，那么它也没有彩排，每一次成与败都将成为浓墨重彩的一笔。“地球 Online”这个游戏给了我们一次机会，我们不能掌控生命的长短，但我们可以做出规划，铺设自己人生的道路。

俗话说：“走自己的路，让别人说去吧。”但是正如飞机航行一样，当我们的航班飞到一个不明区域，若是不顾一切往前开，则有可能机毁人亡；只有设法寻找属于自己的航线，设置一个明确的目标，才能令旅途更加顺畅。

- 既然已选择来到技师学院读书，就应该更加积极主动地学习职业技能，为以后的人生发展奠定良好的基础。同时应改掉自己的不良习惯，无论是学习习惯还是生活习惯。此外，扬长避短，充分发挥自己的长处，使其为自己的学习添砖加瓦，也是为未来更好地投入工作蓄力的过程。
- 我们即将面临的是各类技能水平考试，如果此时害怕了，那就说明自己还没有做好相应的准备，临阵磨枪为时未晚，只要下定决心努力一把，相信最后也能取得一个满意的成绩；即便这次失败了，一次两次的考试也还有重来的机会。不像人生，浑浑噩噩蹉跎一生，才是真正的无法重来。
- 我们正站在人生关键的十字路口，还有几年，我们就将离开学校，踏入社会。此时的我们更加不能轻言放弃——你是想让自己的人生平凡，还是色彩缤纷呢？我们不求做到最强也不能做到最弱，只求做到自己最好的水平，使数年后、数十年后的我们回想起今天仍不感到后悔，足矣。
- 人生的课程里，我们是一名学生，亦是讲课的人；人生的道路上，我们是一个旅者，感受着旅途中的酸甜苦辣；人生的舞台中，我们也是一名演员，演绎着自己的人生。奋斗、努力、拼搏，这些全都是为了给人生添上最为精彩的一笔。要记住我们长大了，我们可以自己做主了，我们的人生路终究还是由我们自己来走，没有人能替我们走过这一生。

青春短暂，不可浪费。我的人生与任何人无关，*人生是我的努力，是我的拼搏，是我的坚持，是我一生无悔的路。*我的人生我会高歌猛进，奋发向前！

第 1 页 共 1 页

图 2-2-1　参赛板报

二、任务分析

要完成本项目，应按照以下思维导图复习教材中学到的知识技能点。

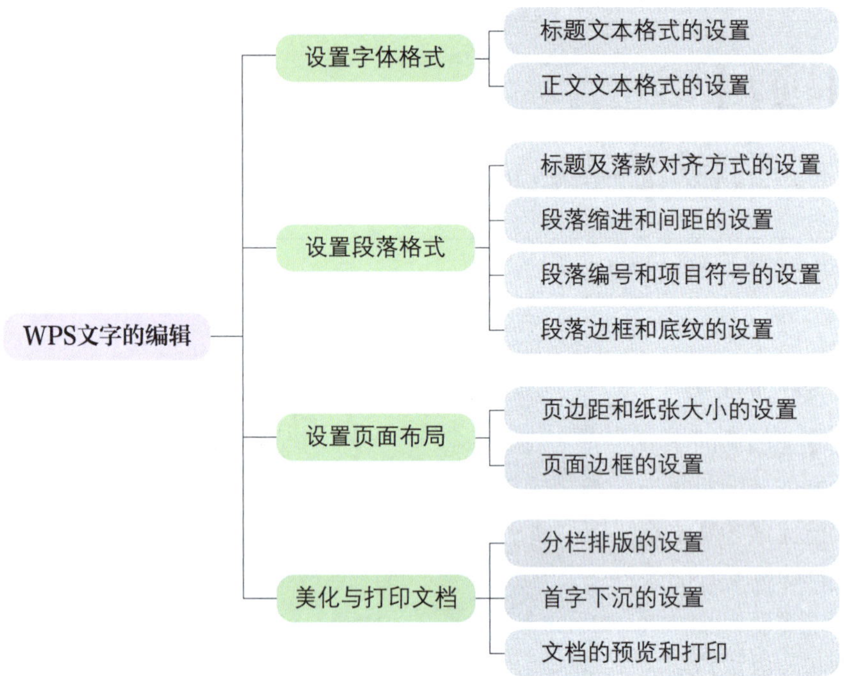

完成本项目需要对文档进行编辑排版，排版过程中涉及字符格式设置、段落格式设置、页面布局设置、特殊版式设置等。在完成项目的过程中，应熟记各项功能在软件中的位置及使用方法、技巧。

三、制订计划

根据任务分析，制订完成本项目的实训计划，填入表 2-2-1 中。

表 2-2-1　实训计划

序号	工作内容	所需时间
1		
2		
3		

续表

序号	工作内容	所需时间
4		

四、任务实施

打开素材中的“我的人生我做主.docx”，按照表2–2–2列出的操作步骤提示完成本项目。

表2–2–2　操作步骤提示

序号	操作步骤	内容
1	页面布局设置	将文档页边距设置为上、下、左、右均为2.5 cm；纸张大小为16开；为文档添加预设颜色为“雨后初晴”的渐变背景
2	页眉、页脚、页码设置	在文档页眉左侧处录入文本“青春短暂，不可浪费”，设置其字体为楷体、字号为五号、字体颜色为红色；在页脚中间处插入页码，页码样式为“第1页，共*X*页”
3	段落格式设置	将正文所有段落设为首行缩进2个字符，段后间距为0.5行，行距为固定值18磅；为正文第2段的文字添加1磅宽虚线的文字方框；添加主题颜色为“巧克力黄，着色2，浅色80%”的文字底纹；为正文第3、4、5、6段添加“加粗空心方形”的项目符号
4	字体格式设置	将文档标题行的字体设置为华文彩云、字号为二号，并为其添加倒影效果为“紧密倒影，接触”的文字效果；将其余正文字体设为宋体，字号设为五号；设置正文最后一段中的文本“人生是我的努力，是我的拼搏，是我的坚持，是我一生无悔的路。”的字号为小四，字形为加粗并倾斜，添加着重号，字体颜色设为红色；将正文第1段的字体设置为幼圆，字体颜色设为紫色
5	特殊版式设置	将正文第1段分为偏右的两栏，并添加分隔线；将段落首字“假”设为首字下沉2行；为文档添加预设水印，内容为“严禁复制”
6	保存文档	按Ctrl+S组合键保存文档

将实训过程中遇到的疑点、难点及相应的解决方法和心得体会记录在表2–2–3中，并在组内进行讨论和分享。

表 2-2-3 经验和心得记录

序号	涉及的操作步骤	经验和心得

五、总结和评价

实训任务完成后，以适当的形式在班级内展示学习成果，交流学习心得，并归纳、总结实训中的收获，纳入思维导图中。

采用学生自评、学生互评与教师评价相结合的多元评价方式，按表 2-2-4 所列评价项目完成实训评价。

表 2-2-4 实训评价

序号	评价项目	评价要求	分值	学生自评/30%	学生互评/30%	教师评价/40%
1	自主复习	实训前能应用思维导图复习、总结学过的内容	5			
2	计划制订	对实训任务的分析准确、到位，有明确与可行的操作步骤	10			
3	任务实施及检查评估	操作熟练、得当，成果能满足任务要求，具体包括： 1. 能正确设置文档页面格式（10 分） 2. 能正确添加页眉和页码（10 分） 3. 能正确使用字体格式、段落格式、特殊版式设置文档内容（40 分） 4. 能使用正确的名称、文件类型和存储路径保存文件（10 分）	70			

续表

序号	评价项目	评价要求	分值	学生自评/30%	学生互评/30%	教师评价/40%
4	成果展示及学习心得交流	成果展示与汇报时，能使用专业术语，口头表达准确，语言清晰流畅，发言声音洪亮，倾听汇报耐心，仪态大方	10			
5	自主总结	能将实训后的收获进行梳理、总结并纳入思维导图中	5			
6	6S 规范	每发现 1 次不符合规范的操作扣 2 分；若违反安全操作规范实训成绩记 0 分	/			
综合得分			100			

六、实训拓展

1. 使用字体格式对“环保小常识”进行排版

“绿水青山就是金山银山。”人人都应有意识地保护自然资源，防止自然环境受到污染和破坏。打开素材中的“环保小常识.docx”文件，参考图 2-2-2 所示效果自行设计，完成排版。

环保小常识

垃圾要分类，工作不会累。

排队不插队，粮食不浪费。

纸张充分用，森林郁葱葱。

大家共植树，四海皆绿荫。

出门乘坐公交车，保护环境人人爱。

用水用电要节约，保护资源你我他。

不将电池到处扔，花草看到会凋谢。

购物不用塑料袋，自备环保购物袋。

一次餐具都不用，保护树木空气好。

tántǔyōuyǎbùtǔtán zhēngzuòwénmíngzhōngguórén
谈吐优雅不吐痰，争做文明中国人。

图 2-2-2 环保小常识

2. 使用段落格式对“全民阅读”进行排版

全民阅读活动能够让我们获得更多的幸福感和获得感，能够拓宽视野，了解最新信息，从而增强文化自信。打开素材中的“全民阅读 .docx”文件，参考图 2-2-3 所示效果自行设计，完成排版。

全民阅读

最美人间四月天，正是读书好时节。

每年的4月23日这一天是“世界读书日”，全称“世界图书与版权日”。其主要设立目的是推动更多的人去阅读和写作，希望所有人都能尊重和感谢为人类文明做出过巨大贡献的文学、文化、科学、思想大师们，保护知识产权。每年的这一天，全球一百多个国家都会举办各种各样的庆祝和图书宣传活动。

- ◆ 阅读，是人类获取知识、启智增慧、培养道德的重要途径。
- ◆ 阅读，使人得到思想启发，树立崇高理想，涵养浩然之气。
- ◆ 阅读，可以塑造中国人民自信、自强的品格。

“爱读书、读好书、善读书，努力营造书香社会，助力文化强国建设”，开展全民阅读活动是我国构建公共文化服务体系的一项重要部署，对培育和践行社会主义核心价值观，提高国民思想道德素质和科学文化素质，建设社会主义文化强国，增强国家文化软实力，实现中华民族伟大复兴中国梦具有重要意义。通过读书来增长知识、增加智慧、增强本领，是新时代每一位奋斗者的必由之路。

图 2-2-3　全民阅读

3. 完成“食品安全在身边”宣传页的排版

食品安全关乎千家万户的日常生活，作为企业应担负起应有的责任，生产出让消费者买得放心、吃得安全的食品。作为消费者应自觉杜绝一切“三无”产品，增强食品安全意识。打开素材中的“食品安全在身边 .docx”文件，根据内容需要自行设计，完成一个 A4 页面大小的宣传页的排版。

七、知识巩固与提高

1. 判断题

（1）在 WPS 文字中，在打印文档前，使用打印预览方式查看打印的效果是很必要的。它可以按缩小比例显示文档，以便能够在屏幕中看到一页或多页文档的外观。（　　）

（2）在 WPS 文字编辑状态下，进行字体设置操作后，按新设置的字体显示的文字是文档中被选定的文字。（　　）

（3）当段落开头需要空两个汉字的位置时，可以选定该段落设置首行缩进 4 字符。（　　）

（4）在 WPS 文字中，可以通过水平标尺上的游标设置段落的首行缩进和文本之

前、文本之后缩进。（　　）

（5）在 WPS 文字中，删除当前页的页码后，将同时自动删除整篇文档的页码。（　　）

2. 单选题

（1）在 WPS 文字的编辑状态下，可以使用（　　）快捷键在英文和中文输入法之间进行切换。

A. Ctrl+Alt　　B. Ctrl+Shift　　C. Ctrl+Space　　D. Shift+W

（2）启动 WPS Office 程序后，通过单击“新建空白文档”创建文档并进行编辑后，执行“保存”命令会（　　）。

A. 自动以当前文档名称保存文档

B. 弹出“另存为”对话框，以供进一步操作

C. 自动以“新建空白文档”为文件名保存文档

D. 使文档不能被保存

（3）在 WPS 文字文档编辑过程中，如果要在“插入”和“改写”状态之间切换，可以按下（　　）键。

A. End　　B. Home　　C. Insert　　D. Esc

（4）在 WPS 文字文档编辑过程中，不能实现段落对齐方式的是（　　）。

A. 分散对齐　　B. 两端对齐　　C. 居中对齐　　D. 平均对齐

（5）在 WPS 文字中，标尺上的文本缩进没有提供（　　）工具。

A. 文本之前缩进　　B. 文本之后缩进

C. 首行缩进　　D. 突出缩进

（6）在 WPS 文字中，可以利用（　　）直观地改变段落缩进方式，以调整左右边界。

A. 页边距　　B. 标记　　C. 网格线　　D. 标尺

（7）在 WPS 文字中，插入页眉后，有时页眉文本下方会出现一条横线，以下操作可以删除此横线的是（　　）。

A. 在页眉编辑状态下，单击“页眉页脚”选项卡，单击“页眉横线”下拉列表，在下拉列表中单击“删除横线”命令

B. 在页眉编辑状态下，选定页眉内容，单击“开始”选项卡，单击“字体”组对话框启动器按钮，弹出“字体”对话框，将下划线设置为无下划线

C. 在页眉编辑状态下，选定页眉内容，按下 Delete 键

D. 在页眉编辑状态下，选定页眉内容，按下 Ctrl+U 组合键

（8）在 WPS 文字中，要选取以光标所在位置为起点的一个段落，可通过（　　）操作来完成。

A. 按 Ctrl+Shift+ 向下组合键　　B. 按 Ctrl+Shift+ 向上组合键

C. 按 Shift+ 向下组合键　　D. 按 Shift+ 向上组合键

（9）在 WPS 文字中，格式刷（　　）。

A. 只能复制图形格式

B. 只能复制字体格式

C. 只能复制段落格式

D. 可以复制选定对象的字体格式和段落格式

（10）WPS 文字的查找、替换功能非常强大，以下描述中正确的是（　　）。

A. 不可以指定查找文字的格式，只可以指定替换文字的格式

B. 可以指定查找文字的格式，但不可以指定替换文字的格式

C. 不可以按指定文字的格式进行查找及替换

D. 可以按指定文字的格式进行查找及替换

实训项目三
制作教师节贺卡——WPS 文字的图文混排

一、实训任务

在教师节来临之际，王同学要制作一张电子贺卡送给老师，以表达对老师的感恩之情。制作后的效果如图 2-3-1 所示。

图 2-3-1　教师节贺卡

二、任务分析

要完成本项目，应按照以下思维导图复习教材中学到的知识技能点。

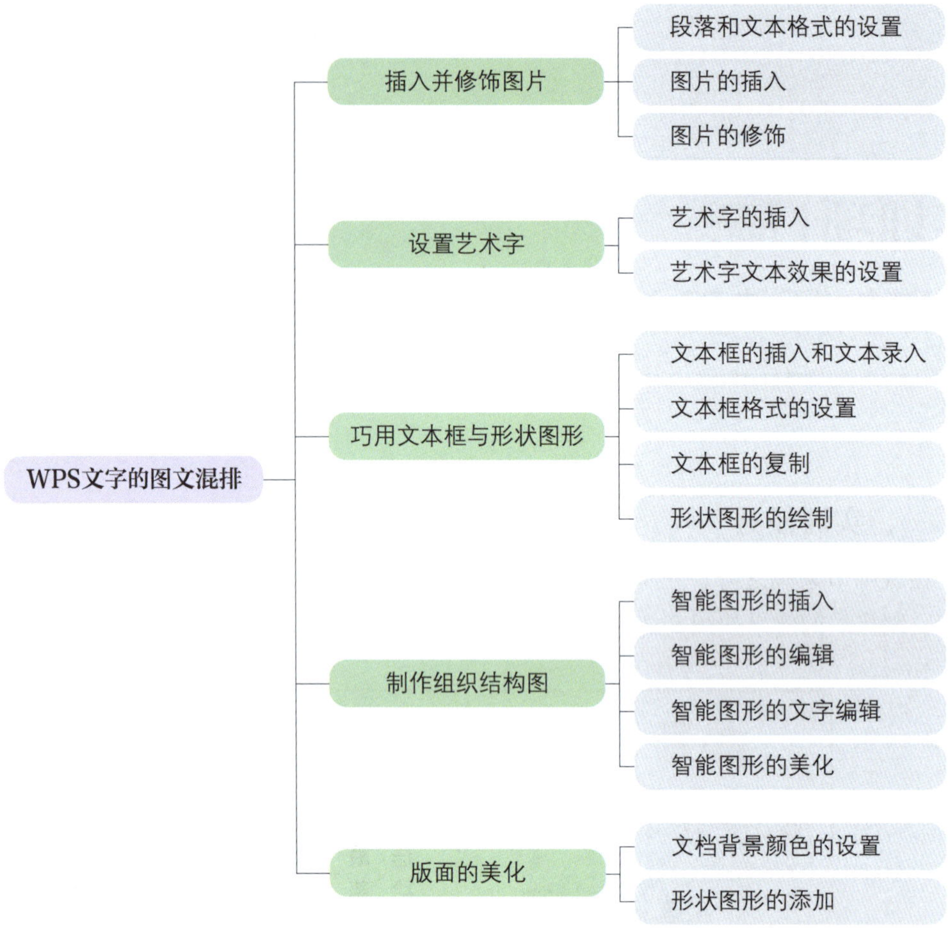

- WPS文字的图文混排
  - 插入并修饰图片
    - 段落和文本格式的设置
    - 图片的插入
    - 图片的修饰
  - 设置艺术字
    - 艺术字的插入
    - 艺术字文本效果的设置
  - 巧用文本框与形状图形
    - 文本框的插入和文本录入
    - 文本框格式的设置
    - 文本框的复制
    - 形状图形的绘制
  - 制作组织结构图
    - 智能图形的插入
    - 智能图形的编辑
    - 智能图形的文字编辑
    - 智能图形的美化
  - 版面的美化
    - 文档背景颜色的设置
    - 形状图形的添加

本项目的内容是制作一张教师节贺卡，制作过程中将使用到图片、艺术字、文本框、形状工具等。在完成项目的过程中，应注意图片、艺术字、文本框格式的设置方法及复制图形的方法和技巧，以提高制作效率。

三、制订计划

根据任务分析，制订完成本项目的实训计划，填入表 2-3-1 中。

表 2-3-1　实训计划

序号	工作内容	所需时间
1		
2		

续表

序号	工作内容	所需时间
3		
4		

四、任务实施

按照表 2-3-2 列出的操作步骤提示完成本项目。

表 2-3-2　操作步骤提示

序号	操作步骤	内容
1	新建文档并命名文档	在 WPS Office 程序中，新建一个 WPS 文字文档，以“教师节贺卡 .docx”为文件名命名，保存至学生文件夹中
2	设置页面布局	创建 2 个页面，第 1 页为贺卡封面，第 2 页为贺卡内页；将文档页边距设置为上、下、左、右均为 0 cm；纸张大小宽为 10 cm，高为 18 cm
3	绘制形状并设置属性	在贺卡封面中绘制一个矩形形状；设置矩形大小为高 17.5 cm，宽 9.5 cm；无填充颜色，轮廓颜色设为“巧克力黄，着色 2，浅色 40%”，线型设为 3 磅；复制矩形并将其移动到贺卡内页
4		在贺卡封面绘制一根垂直的直线，轮廓颜色为“巧克力黄，着色 2”；按照相同的方法，在贺卡内页绘制 3 根直线
5		在贺卡封面绘制一个“剪去单角的矩形”；设置该形状大小为高 12.8 cm、宽 9.4 cm
6	插入图片并设置属性	在贺卡封面插入素材中的“tp-1.png”，并调整图片尺寸至合适大小；图片环绕方式设为“浮于文字上方”。按照相同方法，在贺卡内页插入花束图片
7	插入艺术字并设置属性	在贺卡封面插入预设样式为“填充 - 白色，轮廓 - 着色 2，清晰阴影 - 着色 2”的艺术字，录入内容为“感恩教师节”

续表

序号	操作步骤	内容
8	绘制形状并设置属性	在贺卡封面绘制四个心形，设置心形的大小并填充颜色；按照相同的方法，在贺卡内页绘制心形
9		制作贺卡内页信封：绘制三个等腰三角形，其中左右两侧等腰三角形填充色为“巧克力黄，着色 2，浅色 60%”；中间等腰三角形填充色为“巧克力黄，着色 2，浅色 80%”；为中间等腰三角形添加“右下斜偏移”的外部阴影形状效果；在中间等腰三角形上方绘制一个心形，设置其填充色为红色；绘制一个矩形，设置矩形轮廓线型为虚线的“划线 – 点”，颜色为“巧克力黄，着色 2”
10	绘制文本框并设置属性	在贺卡内页插入多个文本框，设置为无填充色、无轮廓颜色；在文本框中录入相应的内容并设置文字格式
11	美化贺卡	制作完成后，预览贺卡并做相应调节
12	保存文档	按 Ctrl+S 组合键保存

将实训过程中遇到的疑点、难点及相应的解决方法和心得体会记录在表 2–3–3 中，并在组内进行讨论和分享。

表 2–3–3　经验和心得记录

序号	涉及的操作步骤	经验和心得

五、总结与评价

实训任务完成后，以适当的形式在班级内展示学习成果，交流学习心得，并归纳、总结实训中的收获，纳入思维导图中。

采用学生自评、学生互评与教师评价相结合的多元评价方式，按表 2-3-4 所列评价项目完成实训评价。

表 2-3-4 实训评价

序号	评价项目	评价要求	分值	学生自评/30%	学生互评/30%	教师评价/40%
1	自主复习	实训前能应用思维导图复习、总结学过的内容	5			
2	计划制订	对实训任务的分析准确、到位，有明确与可行的操作步骤	10			
3	任务实施及检查评估	操作熟练、得当，成果能满足任务要求，具体包括： 1. 能新建文档并正确命名文档，设置文档页面格式（5 分） 2. 能插入图片并设置图片格式（10 分） 3. 能绘制形状并设置形状格式（15 分） 4. 能插入艺术字并设置艺术字格式（15 分） 5. 能绘制文本框并设置文本框格式（15 分） 6. 能使用正确的名称、文件类型和存储路径保存文件（10 分）	70			
4	成果展示及学习心得交流	成果展示与汇报时，能使用专业术语，口头表达准确，语言清晰流畅，发言声音洪亮，倾听汇报耐心，仪态大方	10			
5	自主总结	能将实训后的收获进行梳理、总结并纳入思维导图中	5			
6	6S 规范	每发现 1 次不符合规范的操作扣 2 分；若违反安全操作规范实训成绩记 0 分	/			
综合得分			100			

六、实训拓展

1. 使用图片对“兰花”宣传页进行排版

自古以来中国人民爱兰、养兰、咏兰、画兰，人们更欣赏兰花不与群芳争艳，不畏霜雪欺凌，坚忍不拔的刚毅气质。兰花历来被人们当作高洁、典雅的象征，与梅、竹、菊一起被人们称为“四君子”。打开素材中的“兰花 .docx”文件，使用其中提供的相关素材，参考图 2-3-2 所示效果自行设计，完成排版。

兰花

中国传统名花中的兰花，虽没有醒目的艳态，没有硕大的花、叶，却具有质朴文静、淡雅高洁的气质，很符合东方人的审美标准，在中国已有一千余年的栽培历史。

中国人历来把兰花看做是高洁典雅的象征，并与“梅、竹、菊”并列，合称“四君子”。通常以“兰章”喻诗文之美，以“兰交”喻友谊之真。

兰花繁殖到如今，品种已经数不胜数，其中中国种植的兰花也被称为国兰，通常包括春兰、寒兰、蕙兰、建兰，还有报岁兰。

一、春兰

春兰，是我国栽培历史最久的品种之一，多带有香味，颜色变化也非常之大，是人们最喜欢的品种之一，虽然它的植株比较矮小，但春兰叶姿优美，花香幽远，无论在办公室的书桌上，还是居家的卧室里，摆放上一株春兰都再适宜不过了。花期通常在2—3月。

二、蕙兰

蕙兰，是国家二级重点保护野生物种，它的植株飒爽挺秀，有刚柔兼备的兰叶、亭亭玉立的姿态，有清芳幽远、沁人肺腑的幽香，因而吸引着千千万万的兰花爱好者。相比而言，蕙兰比较耐寒，开花的量也要比其他品种的兰花要多一些，十分大气，通常作为观赏性花卉种植。花期通常在 3—5 月。

三、建兰

建兰，也称为四季兰，叶片比较细长，花卉有淡淡清香，色泽变化较大，通常为浅黄绿色而具紫斑；根茎相比之下较为粗壮，植株整体强劲有力，开花之后更是气魄非凡，长长的叶片苍峻挺拔，神采奕奕，具有极佳的观赏性。花期通常在 6—10 月。

四、寒兰

寒兰，其多生长于林下、溪谷旁边或者湿润、多石之土壤上，它的花朵开花时十分艳丽，散发的香气也更加醇厚持久，植株比较修长，叶片也比较薄，因为它通常在霜花中顶着寒冷绽开花朵，所以被称为“寒兰”，给人清幽高雅的观感。花期通常在 8—12 月。

五、报岁兰

报岁兰也称为墨兰，也是我们生活中最为常见的品种之一。其叶片硕大而亮丽，假球茎较大，呈椭圆形，叶富光泽，叶缘无锯齿。花梗直立，高出叶架。通常开花时间在每年的一月份到三月份之间，此时正是我们的春节，所以大家便亲切地称呼它为报岁兰。

图 2-3-2　兰花

2. 使用艺术字与文本框制作邀请函

某学院信息技术系举办技能竞赛月活动，陈同学需要协助教师制作一份电子版邀请函，打开素材中的“邀请函 .docx”文件，参考图 2-3-3 所示效果自行设计，完成排版。

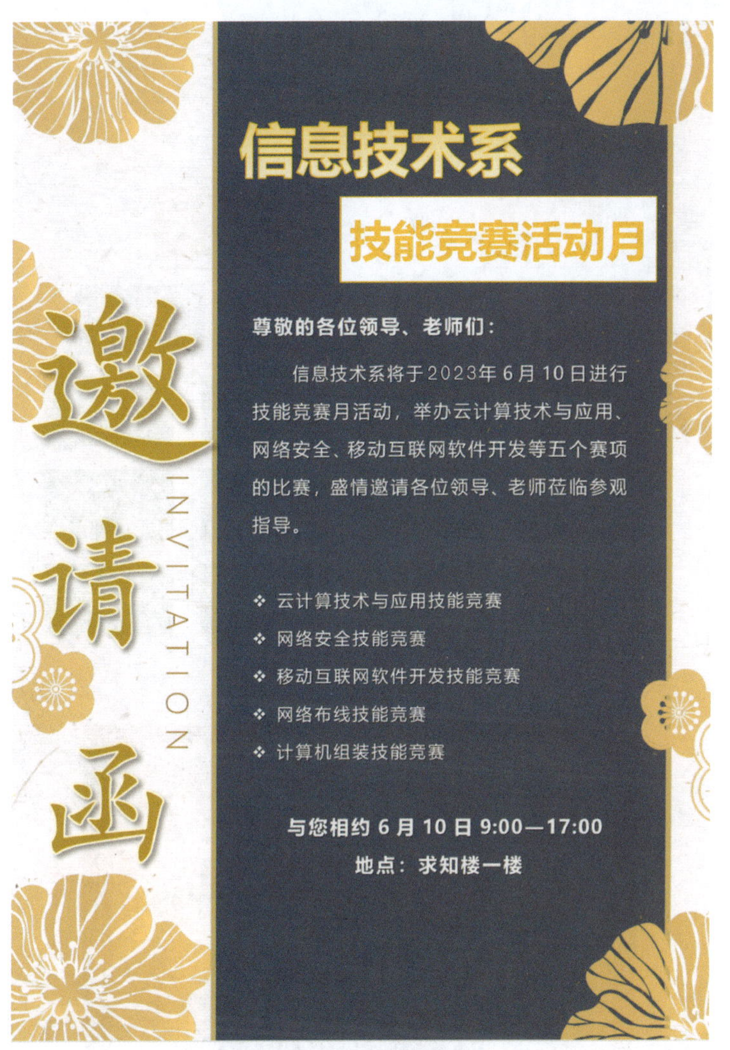

图 2-3-3 邀请函

3. 使用智能图形制作企业组织结构图

某企业人事部组员小李接到要制作一张企业组织结构图的任务，小李思考后决定使用 WPS 文字中的智能图形工具制作。打开素材中的“企业组织结构图 .docx”文件，参考图 2-3-4 所示效果自行设计，完成企业组织结构图的制作。

4. 使用形状工具制作年会流程单

某企业综合部需要制作一张电子版的年会流程单，此流程单包含年会开始、新年致辞、联欢晚会、年会结束四部分内容，版面要求喜庆、祥和，能激励员工积极向上。参考图 2-3-5 所示效果自行设计，完成年会流程单的制作。

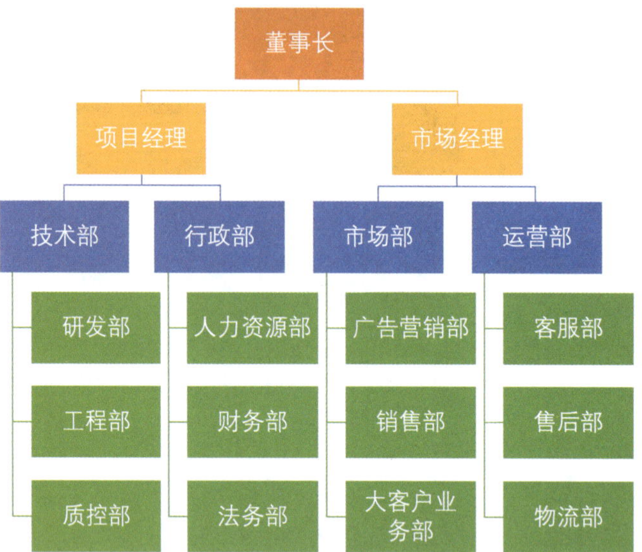

图 2-3-4 企业组织结构图

图 2-3-5 年会流程单

七、知识巩固与提高

1. 判断题

（1）在 WPS 文字中，文档的页面背景颜色可以被一起打印出来。（　　）

（2）在 WPS 文字中，如果想使图片在文档中自由移动，可以将图片的环绕方式设置为嵌入型。（　　）

（3）在 WPS 文字中，可以把艺术字作为图形来处理。（　　）

（4）在 WPS 文字中，文本框只能填充为单色。（　　）

（5）在 WPS 文字中，多个形状图形可以进行组合。（　　）

2. 单选题

（1）在 WPS 文字中，预设的文本框类型不包括（　　）。

A. 竖向　　B. 横向　　C. 多行文字　　D. 任意角度

（2）在 WPS 文字中，要插入艺术字，可以（　　）。

A. 单击“插入”选项卡中的“艺术字”下拉按钮

B. 单击“开始”选项卡中“字体”组“文字效果”下拉列表中的“艺术字”按钮

C. 单击“插入”选项卡中的“文本框”下拉按钮

D. 单击“插入”选项卡中的“图片”下拉按钮

（3）在 WPS 文字中，插入智能图形的默认布局方式是（　　）。

A. 四周型　　B. 紧密型　　C. 嵌入型　　D. 上下型

（4）在 WPS 文字中，以下选项中，（　　）不是文本框的优点。

A. 能够将文本定位在页面任意位置

B. 可实现文档中局部文字的横排或者竖排

C. 可实现文档中局部图文混排

D. 方便打印文档

（5）在 WPS 文字中，插入一个“形状”中的“矩形”后，下列描述中错误的是（　　）。

A. 可以在矩形中添加文本　　B. 可以为矩形设置背景颜色

C. 矩形的环绕方式默认为“嵌入型”　　D. 可以为矩形设置形状效果

（6）在 WPS 文字中，插入一个横排文本框后，下列描述中错误的是（　　）。

A. 不可以在文本框中插入图片

B. 在文本框中插入图片后，不能修改图片的环绕方式

C. 可以设置文本框的背景颜色和轮廓颜色

D. 可以设置文本框的环绕方式

（7）在 WPS 文字中，插入一张图片后，想去掉图片的背景颜色，可以选定图片，单击“图片工具”选项卡中的（　　）命令。

A. “抠除背景”　　B. “设置图片”　　C. “效果”　　D. “色彩”

（8）在 WPS 文字中，通过形状工具绘制一个正方形时，可配合（　　）键快速绘制。

A. Shift　　B. Ctrl　　C. Alt　　D. 空格

（9）在 WPS 文字中，已绘制了一个圆角矩形，以下操作可以复制该圆角矩形的是（　　）。

A. 选定圆角矩形后，按下 Shift 键后拖动

B. 选定圆角矩形后，按下 Ctrl 键后拖动

C. 选定圆角矩形后，按下 Alt 键后拖动

D. 选定圆角矩形后，按下空格键后拖动

（10）在 WPS 文字中，已绘制了一个矩形，以下操作可以水平或垂直复制该矩形的是（　　）。

A. 选定矩形后，按下 Shift 键后拖动

B. 选定矩形后，按下 Ctrl 键后拖动

C. 选定矩形后，按下 Alt 键后拖动

D. 选定矩形后，同时按下 Ctrl 和 Shift 键后拖动

实训项目四
制作教室卫生评分表——WPS 文字表格的制作

一、实训任务

某学院学生会成员郑同学需要制作一份教室卫生评分表，主要用于学院每周教室卫生评比，此评分表需包含星期一至星期五共 5 天的评分，最后还要对评分表分数进行汇总计算。制作完成后的效果如图 2-4-1 所示。

教室卫生评分表

第__周　20__年__月__日到 20__年__月__日

班级		21 网络安全高技①班		课室门牌		1 栋 302	
序号	星期 项目	星期一	星期二	星期三	星期四	星期五	平均分
S-01	地面清洁	4	4	4	5	4	
S-02	黑板及讲台清洁	5	5	4	5	4	
S-03	窗户明亮	3	4	4	4	4	
S-04	课桌椅摆放整齐	4	5	4	5	3	
S-05	课桌面无杂物	4	5	4	5	4	
S-06	垃圾桶无垃圾	5	5	5	4	5	
S-07	清洁工具摆放整齐	5	5	5	5	5	
S-08	公区清洁	4	4	4	4	4	
合计							

评分标准	优秀	较好	一般	差	极差
	5	4	3	2	1
学生科审核	签字： 年　月　日				

a）

教室卫生评分表

第__周　20__年__月__日到 20__年__月__日

班级		21 网络安全高技①班		课室门牌		1 栋 302	
序号	星期 项目	星期一	星期二	星期三	星期四	星期五	平均分
S-01	地面清洁	4	4	4	5	4	4.20
S-02	黑板及讲台清洁	5	5	4	5	4	4.60
S-03	窗户明亮	3	4	4	4	4	3.80
S-04	课桌椅摆放整齐	4	5	4	5	3	4.20
S-05	课桌面无杂物	4	5	4	5	4	4.40
S-06	垃圾桶无垃圾	5	5	5	4	5	4.80
S-07	清洁工具摆放整齐	5	5	5	5	5	5.00
S-08	公区清洁	4	4	4	4	4	4.00
合计		34	37	34	37	33	35

评分标准	优秀	较好	一般	差	极差
	5	4	3	2	1
学生科审核	签字： 年　月　日				

b）

图 2-4-1　教室卫生评分表效果图

a）未计算表格数据的评分表　b）计算表格数据后的评分表

二、任务分析

要完成本项目，应按照以下思维导图复习教材中学到的知识技能点。

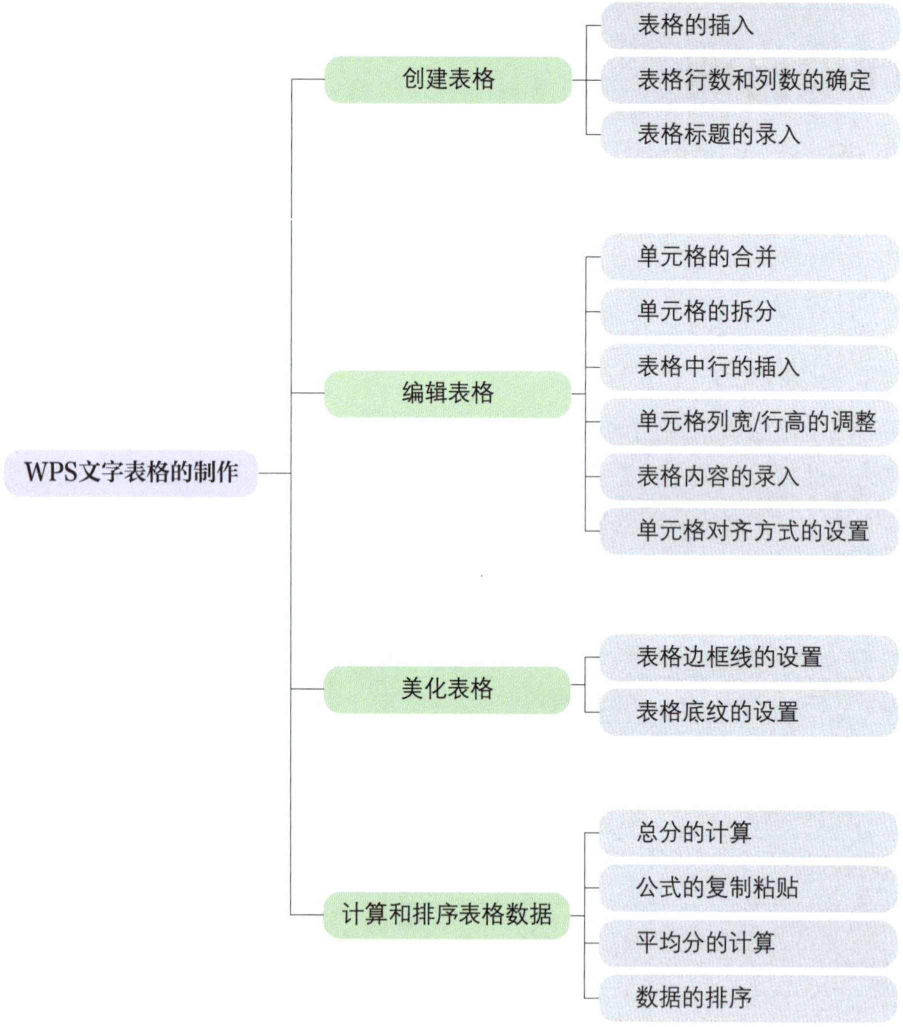

- WPS文字表格的制作
  - 创建表格
    - 表格的插入
    - 表格行数和列数的确定
    - 表格标题的录入
  - 编辑表格
    - 单元格的合并
    - 单元格的拆分
    - 表格中行的插入
    - 单元格列宽/行高的调整
    - 表格内容的录入
    - 单元格对齐方式的设置
  - 美化表格
    - 表格边框线的设置
    - 表格底纹的设置
  - 计算和排序表格数据
    - 总分的计算
    - 公式的复制粘贴
    - 平均分的计算
    - 数据的排序

本项目的内容是制作一份教室卫生评分表，制作过程中需先创建表格，再根据表格使用功能编辑表格，最后对表格数据进行计算等。在完成项目的过程中，应根据表格的实用性来合并、拆分单元格，设置行高、列宽，使用公式计算表格数据，最后还要对表格进行适当的美化，以增强表格的实用性。

三、制订计划

根据任务分析，制订完成本项目的实训计划，填入表 2–4–1 中。

表 2-4-1 实训计划

序号	工作内容	所需时间
1		
2		
3		
4		

四、任务实施

按照表 2-4-2 列出的操作步骤提示完成本项目。

表 2-4-2 操作步骤提示

序号	操作步骤	内容
1	新建文档并命名文档	在 WPS Office 程序中，新建一个 WPS 文字文档，以“教室卫生评分表 .docx”命名，并将其保存至学生文件夹中
2	创建表格	在文档的开头创建一个 8 列、13 行的表格；在表格上方录入标题“教室卫生评分表”，格式设为宋体、四号、加粗、居中对齐；换行继续录入文本“第__周 20__年__月__日到 20__年__月__日”，格式设为宋体、四号、加粗、居中对齐
3	设置行高 / 列宽	设置表格第 1 行至第 11 行的行高为 1.3 cm，第 12 行的行高为 2 cm，第 13 行的行高为 4 cm，第 1 列的列宽为 1.5 cm，第 2 列的列宽为 2.5 cm，其余列宽设为平均分布
4	编辑表格	分别将第 1 行的第 1 列和第 2 列、第 3 列和第 4 列、第 5 列和第 6 列、第 7 列和第 8 列单元格合并为一个单元格；将第 11 行的第 1 列和第 2 列单元格合并为一个单元格；将第 12 行的第 1 列和第 2 列单元格合并为一个单元格，将第 3 列至第 8 列单元格合并为一个单元格后再拆分为 5 列、2 行；将第 13 行的第 1 列和第 2 列单元格合并为一个单元格，将第 3 列至第 8 列单元格合并为一个单元格
5	录入单元格文本	绘制表头，并录入表格内容，表格内容字体设为宋体，字号设为五号

续表

序号	操作步骤	内容
6	设置表格格式	将表格中所有单元格文本的对齐方式均设置为“水平居中”格式，将“签字”单元格文本调整至单元格右下角；将表格中“评分标准”行底纹设置为“矢车菊蓝，着色 1，浅色 80%”；将表格的所有边框设置为 1 磅的单实线
7	计算表格数据	使用求和公式和求平均值公式计算星期一至星期五的合计行数据及每一项内容的平均数据
8	保存文档	按 Ctrl+S 组合键保存文档

将实训过程中遇到的疑点、难点及相应的解决方法和心得体会记录在表 2-4-3 中，并在组内进行讨论和分享。

表 2-4-3　经验和心得记录

序号	涉及的操作步骤	经验和心得

五、总结与评价

实训任务完成后，以适当的形式在班级内展示学习成果，交流学习心得，并归纳、总结实训中的收获，纳入思维导图中。

采用学生自评、学生互评与教师评价相结合的多元评价方式，按表 2-4-4 所列评价项目完成实训评价。

表 2-4-4　实训评价

序号	评价项目	评价要求	分值	学生自评 /30%	学生互评 /30%	教师评价 /40%
1	自主复习	实训前能应用思维导图复习、总结学过的内容	5			
2	计划制订	对实训任务的分析准确、到位，有明确与可行的操作步骤	10			
3	任务实施及检查评估	操作熟练、得当，成果能满足任务要求，具体包括： 1. 能新建文档并正确命名文档（5 分） 2. 能创建表格，并正确设置表格的行高 / 列宽，编辑表格（25 分） 3. 能正确录入表格内容，并设置表格格式（20 分） 4. 能正确计算表格数据（10 分） 5. 能使用正确的名称、文件类型和存储路径保存文件（10 分）	70			
4	成果展示及学习心得交流	成果展示与汇报时，能使用专业术语，口头表达准确，语言清晰流畅，发言声音洪亮，倾听汇报耐心，仪态大方	10			
5	自主总结	能将实训后的收获进行梳理、总结并纳入思维导图中	5			
6	6S 规范	每发现 1 次不符合规范的操作扣 2 分；若违反安全操作规范实训成绩记 0 分	/			
		综合得分	100			

六、实训拓展

1. 制作课程表

学习委员郭同学要制作一份班级课程表，制作完成后打印出来粘贴至教室学习栏中供同学们查看。要求新建 WPS 文字文档，在文档中创建、编辑并美化课程表，参考图 2-4-2 所示效果自行设计，完成课程表的制作。

课程表

星期 科目 时间	星期一	星期二	星期三	星期四	星期五
第 1 节	语文	数学	英语	思政	英语
第 2 节	语文	数学	英语	思政	英语
第 3 节	计算机基础	体育	电工基础	语文	电子元器件
第 4 节	计算机基础	体育	电工基础	语文	电子元器件
第 5 节	电工基础	电子元器件	计算机基础	数学	电工基础
第 6 节	电工基础	电子元器件	计算机基础	数学	电工基础

a）

课程表

星期 科目 时间	星期一	星期二	星期三	星期四	星期五
第 1 节	语文	数学	英语	思政	英语
第 2 节	语文	数学	英语	思政	英语
第 3 节	计算机基础	体育	电工基础	语文	电子元器件
第 4 节	计算机基础	体育	电工基础	语文	电子元器件
午休					
第 5 节	电工基础	电子元器件	计算机基础	数学	电工基础
第 6 节	电工基础	电子元器件	计算机基础	数学	电工基础
第二课堂					

b）

图 2-4-2　课程表

a）创建并编辑课程表　b）美化并完善课程表

2. 制作求职简历表

19 电气①班学生即将开展校外实践，每位学生需要为自己制作一份求职简历，参考图 2-4-3 所示效果自行设计并根据自身情况补全内容，完成求职简历的制作。

求职简历

<table>
<tr><td>姓名</td><td></td><td>性别</td><td></td><td>民族</td><td></td><td rowspan="5">照片</td></tr>
<tr><td>出生年月</td><td></td><td>身高</td><td></td><td>政治面貌</td><td></td></tr>
<tr><td>身份证号</td><td colspan="5"></td></tr>
<tr><td>联系电话</td><td colspan="2"></td><td>毕业学校</td><td colspan="2"></td></tr>
<tr><td>所学专业</td><td colspan="2"></td><td>学制</td><td colspan="2"></td></tr>
<tr><td>现居地址</td><td colspan="6"></td></tr>
<tr><td>教育背景</td><td colspan="6"></td></tr>
<tr><td>实践经验</td><td colspan="6"></td></tr>
<tr><td>技能特长</td><td colspan="6"></td></tr>
<tr><td>技能证书</td><td colspan="6"></td></tr>
<tr><td>自我评价</td><td colspan="6"></td></tr>
</table>

图 2-4-3　求职简历

3. 计算演讲比赛决赛成绩并排序

某学院学生会举办了演讲比赛，学生会成员赵同学协助统计比赛成绩并制作成绩表。打开素材中的“演讲比赛决赛成绩表 .docx”，参考图 2-4-4 所示效果，完成表格数据的计算并美化表格。

演讲比赛决赛成绩表

选手编号	评委 1	评委 2	评委 3	平均分
A-001	97.5	96	95.5	96.33
A-002	95	94.5	96	95.17
A-003	98	97.5	96.5	97.33
A-004	94	95.5	94	94.50
A-005	96.5	98	97	97.17
A-006	94.5	94.5	95	94.67

a）

演讲比赛决赛成绩表

选手编号	评委 1	评委 2	评委 3	平均分
A-003	98	97.5	96.5	97.33
A-005	96.5	98	97	97.17
A-001	97.5	96	95.5	96.33
A-002	95	94.5	96	95.17
A-006	94.5	94.5	95	94.67
A-004	94	95.5	94	94.50

b）

图 2-4-4　演讲比赛决赛成绩表

a）计算表格数据　b）美化后表格

4. 统计车间产品情况并排序

某机械厂车间赵主管需要统计车间不合格产品和合格产品的个数并制作成表格。打开素材中“车间产品情况统计表 .docx”，参考图 2-4-5 所示效果，完成表格数据的计算并美化表格。

机械厂车间产品情况统计表				
车间	产品型号	不合格产品 / 个	合格产品 / 个	合计 / 个
第一车间	M-01	38	5200	5238
第二车间	M-01	45	5300	5345
第三车间	M-02	50	6750	6800
第四车间	M-02	40	6760	6800
第五车间	M-03	28	5500	5528
第六车间	M-03	32	5800	5832
总合计 / 个		233	35310	35543

a）

机械厂车间产品情况统计表				
车间	产品型号	不合格产品 / 个	合格产品 / 个	合计 / 个
第四车间	M-02	40	6760	6800
第三车间	M-02	50	6750	6800
第六车间	M-03	32	5800	5832
第五车间	M-03	28	5500	5528
第二车间	M-01	45	5300	5345
第一车间	M-01	38	5200	5238
总合计 / 个		233	35310	35543

b）

图 2-4-5　机械厂车间产品情况统计表

a）计算表格数据　b）美化后表格

七、知识巩固与提高

1. 判断题

（1）在 WPS 文字中，表格中单元格的高度、宽度和底纹均能改变。　　（　　）

（2）在 WPS 文字中，删除表格的方法是将整个表格选定后按 Delete 键。　（　　）

（3）在 WPS 文字中，表格既可合并单元格，也可拆分单元格。　　（　　）

（4）在 WPS 文字中，表格的单元格中不能添加项目符号或编号。　　（　　）

（5）在 WPS 文字中，表格的行、列和单元格都可以进行增加或删除操作。（　　）

2. 单选题

（1）在 WPS 文字中，下列关于表格制作的说法中错误的是（　　）。

A. 利用“插入表格”命令插入的表格的列宽一定是某个固定的值

B. 利用“插入表格”命令插入的表格的列宽可设为固定值，也可设为自动列宽

C. 可以利用“绘制表格”命令插入表格

D. 可以利用虚拟表格绘制表格

（2）在 WPS 文字中，下列选项中不是表格中单元格文本对齐方式的是（　　）。

A. 水平居中　　B. 垂直居中

C. 中部两端对齐　　D. 中部右对齐

（3）在 WPS 文字中，表格的“表格属性”对话框中不可以设置的是（　　）。

A. 表格的宽度　　B. 行高、列宽

C. 表格对齐方式　　D. 合并单元格

（4）在 WPS 文字中，如果对表格执行了“平均分布各行”命令后，（　　）。

A. 表格行高都调整为原有行高中的最大值

B. 表格行高都调整为原有行高中的最小值

C. 表格行高都调整为原有行高中的预设值

D. 表格各行高度为原各行高度总和的平均数

（5）在 WPS 文字中，插入一个表格后，当鼠标指针在表格中的某一个单元格内变成向右箭头时，双击鼠标后，（　　）。

A. 整个表格被选定

B. 鼠标指针所在的一行被选定

C. 鼠标指针所在的一个单元格被选定

D. 表格内没有被选定的部分

（6）在 WPS 文字中，下列关于单元格列宽的说法中正确的是（　　）。

A. 不能单独设置某个单元格宽度

B. 可以先选定单元格，使用拖动单元格竖线方法调整单元格宽度

C. 可以通过“表格属性”对话框中的“列”设置单元格列宽

D. 可以通过“表格属性”对话框中的“表格”设置单元格列宽

（7）在 WPS 文字中，插入一个表格后，选定表格按 Delete 键，则（　　）。

A. 表格中的内容全部被删除

B. 表格和内容全部被删除

C. 表格被删除，但表格中的内容未被删除

D. 表格中插入点所在的行被删除

（8）下列选项中，（　　）是对 WPS 文字中表格的正确描述。

A. 文本和表格可以互相转换

B. 可以将文本转换为表格，但不能将表格转换成文本

C. 文本和表格不能互相转换

D. 可以将表格转换为文本，但不能将文本转换为表格

（9）在 WPS 文字中，一个单元格最多能拆分为（　　）。

A. 15 行 63 列　　B. 63 行 15 列　　C. 13 行 59 列　　D. 59 行 13 列

（10）在 WPS 文字中，对表格数据进行计算，以下公式中使用正确的是（　　）。

A. SUM（RIGHT）　　B. =SUM（RIGHT）

C. =MAX（）　　D. =AVERAGE（LEFT）\@“0.00”

模块三

精准的表格数据

实训项目一
制作学生成绩表——WPS 表格数据的录入与编辑

一、实训任务

刘老师手上有几份班级学生的纸质成绩单，现在需要将各科的成绩单汇总成一份成绩单，目前刘老师已经完成一部分数据的录入，还有一部分数据待录入，邀请王同学协助完成成绩表的制作。表格数据和制作完成后的效果如图 3-1-1 所示。

	A	B	C	D	E	F	G
1	009	王景天	68	75	90	65	80
2	010	赵海逸	75	70	88	68	75
3	011	张子涵	82	95	80	84	78
4	012	张冠智	76	85	70	92	82
5	013	罗钰轩	63	61	58	59	60
6	014	周雨泽	65	60	76	68	69
7	015	李漫妮	85	73	84	90	74
8	016	孙嫦曦	63	65	60	54	70
9	017	王梦洁	84	73	79	85	86
10	018	张晟涵	61	55	56	60	64
11	019	孙文昊	93	92	95	90	88
12	020	李熙栋	90	71	90	88	93

a）

	A	B	C	D	E	F	G
1	序号	姓名	思政	语文	数学	英语	计算机
2		张丽	95	89	90	86	87
3		张昊明	65	65	62	63	55
4		何智宇	85	85	85	82	83
5		郭星泽	90	92	94	89	93
6		黄凌萱	78	86	65	81	69
7		梁晓霜	89	90	92	90	92
8		侯晗翌	87	92	93	91	91
9		胡乐岚	80	83	85	87	91

b）

	A	B	C	D	E	F	G
1	学生成绩表						
2	序号	姓名	思政	语文	数学	英语	计算机
3	001	张丽	95	89	90	86	87
4	002	张昊明	65	65	62	63	55
5	003	何智宇	85	85	85	82	83
6	004	郭星泽	90	92	94	89	93
7	005	黄凌萱	78	86	65	81	69
8	006	梁晓霜	89	90	92	90	92
9	007	侯晗翌	87	92	93	91	91
10	008	胡乐岚	80	83	85	87	91
11	009	王景天	68	75	90	65	80
12	010	赵海逸	75	70	88	68	75
13	011	张子涵	82	95	80	84	78
14	012	张冠智	76	85	70	92	82
15	013	罗钰轩	63	61	58	59	60
16	014	周雨泽	65	60	76	68	69
17	015	李漫妮	85	73	84	90	74
18	016	孙嫦曦	63	65	60	54	70
19	017	王梦洁	84	73	79	85	86
20	018	张晟涵	61	55	56	60	64
21	019	孙文昊	93	92	95	90	88
22	020	李熙栋	90	71	90	88	93

c）

图 3-1-1　学生成绩表效果图

a）已录入的表格数据　b）待录入的表格数据　c）完成后的成绩表

二、任务分析

要完成本项目，应按照以下思维导图复习教材中学到的知识技能点。

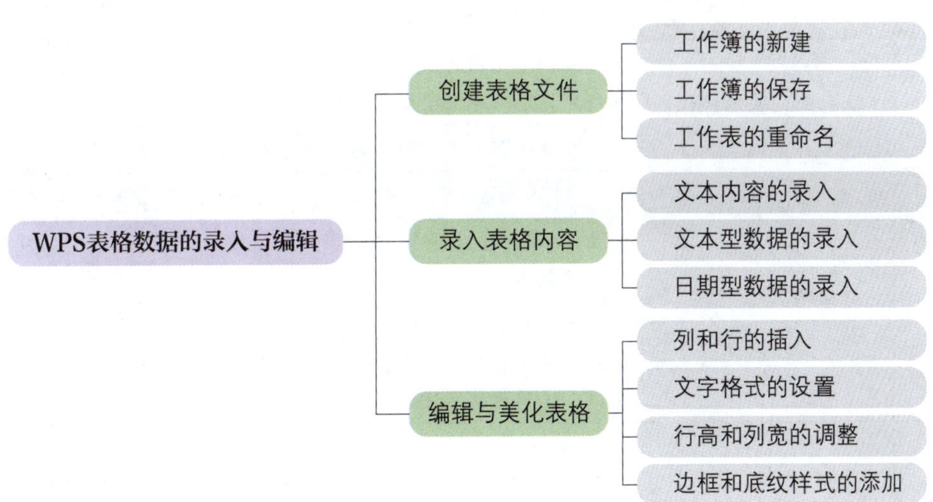

本项目的内容是制作一份学生成绩表，先新建一个空白电子表格，将未录入的数据录入至新工作表中，再将已录入的数据复制到工作表中合成一份数据，最后美化成绩表。在完成项目的过程中，应注意录入不同类型数据的方法和技巧，以及编辑单元格的方法等。

三、制订计划

根据任务分析，制订完成本项目的实训计划，填入表 3–1–1 中。

表 3–1–1　实训计划

序号	工作内容	所需时间
1		
2		
3		
4		

四、任务实施

按照表 3–1–2 列出的操作步骤提示完成本项目。

表 3–1–2　操作步骤提示

序号	操作步骤	内容
1	工作表的基本操作	新建一个空白电子表格，以“学生各科成绩汇总表 .xlsx”为文件名并将其保存至学生文件夹中
2		将 Sheet1 工作表重命名为“学生成绩表”
3	数据的录入	在 A1 单元格中录入内容“序号”，在相应单元格中录入内容
4		在 A2 单元格中录入“'001”，使用填充柄向下填充至 A9 单元格，完成序号的录入
5		打开素材文件“成绩 b.xlsx”，将 Sheet1 工作表中的所有内容复制到“学生各科成绩汇总表 .xlsx”中的“学生成绩表”工作表的 A10:G21 单元格区域中
6	单元格的基本操作	在第 1 行的上方插入 1 行，在 A1 单元格中录入内容“学生成绩表”，将单元格区域 A1:G1 合并后居中，设置字体为宋体、字号为 14、字形为加粗
7		将单元格区域 A2:G2 的字体设为宋体，字号设为 12，字形设为加粗，并填充“矢车菊蓝，着色 5，浅色 80%”底纹
8		将单元格区域 A2:G22 中文本的对齐方式设置为水平居中、垂直居中

续表

序号	操作步骤	内容
9	美化表格	将单元格区域 A2:G22 的外边框颜色设置为“矢车菊蓝，着色 5”的双实线，内部框线颜色设置为“矢车菊蓝，着色 5，浅色 40%”的单实线
10		将第 1 行行高设置为 25 磅，其余行高为 18 磅；所有列列宽为 10 字符
11	保存文件	按 Ctrl+S 组合键保存文档

将实训过程中遇到的疑点、难点及相应的解决方法和心得体会记录在表 3-1-3 中，并在组内进行讨论和分享。

表 3-1-3　经验和心得记录

序号	涉及的操作步骤	经验和心得

五、总结与评价

实训任务完成后，以适当的形式在班级内展示学习成果，交流学习心得，并归纳、总结实训中的收获，纳入思维导图中。

采用学生自评、学生互评与教师评价相结合的多元评价方式，按表 3-1-4 所列评价项目完成实训评价。

表 3-1-4　实训评价

序号	评价项目	评价要求	分值	学生自评/30%	学生互评/30%	教师评价/40%
1	自主复习	实训前能应用思维导图复习、总结学过的内容	5			
2	计划制订	对实训任务的分析准确、到位，有明确与可行的操作步骤	10			
3	任务实施及检查评估	操作熟练、得当，成果能满足任务要求，具体包括： 1. 能新建工作簿并正确命名工作簿、工作表（5 分） 2. 能在单元格中录入不同类型的数据（20 分） 3. 能正确插入行、合并单元格、编辑单元格格式（20 分） 4. 能美化表格并设置行高、列宽（15 分） 5. 能使用正确的名称、文件类型和存储路径保存文件（10 分）	70			
4	成果展示及学习心得交流	成果展示与汇报时，能使用专业术语，口头表达准确，语言清晰流畅，发言声音洪亮，倾听汇报耐心，仪态大方	10			
5	自主总结	能将实训后的收获进行梳理、总结并纳入思维导图中	5			
6	6S 规范	每发现 1 次不符合规范的操作扣 2 分；若违反安全操作规范实训成绩记 0 分	/			
		综合得分	100			

六、实训拓展

1. 制作员工值班表

某企业主管根据企业值班制度要对员工进行值班排班，值班时间分为白班、中班、晚班 3 个时间段，每个时间段要安排一名值班领导和一名值班人员。按要求完成值班表信息的录入，并对表格进行美化处理，最终效果可参考图 3-1-2。

	A	B	C	D	E	F
1	日期	星期	时间段	值班领导	值班人员	备注
2	2021年9月1日	星期三	白班	梁伟杰	张弘辉	
3			中班	罗芳洁	刘宇	
4			晚班	何喆	梁珂仪	
5	2021年9月2日	星期四	白班	张晓晨	徐颖	
6			中班	张佩仪	李泽天	
7			晚班	吴瀚辰	许曼妮	
8	2021年9月3日	星期五	白班	梁伟杰	张弘辉	
9			中班	罗芳洁	刘宇	
10			白班	喆	梁珂仪	
11			白班			
12			中班	白班		
13			晚班			
14						
15						

a）

	A	B	C	D	E	F	G	H
1	第一周值班表							
2	日期	星期	时间段	值班领导	联系电话	值班人员	联系电话	备注
3	2021年9月1日	星期三	白班	梁伟杰		张弘辉		
4			中班	罗芳洁		刘宇		
5			晚班	何喆		梁珂仪		
6	2021年9月2日	星期四	白班	张晓晨		徐颖		
7			中班	张佩仪		李泽天		
8			晚班	吴瀚辰		许曼妮		
9	2021年9月3日	星期五	白班	梁伟杰		张弘辉		
10			中班	罗芳洁		刘宇		
11			白班	何喆		梁珂仪		

b）

图 3-1-2　员工值班表

a）员工值班表数据录入　b）美化员工值班表

2. 制作报销单

某企业出纳人员小张，为提高企业人员报销工作效率，需要制作一份电子版报销单提供给员工，在计算机中填写后直接打印使用，参考图 3-1-3 所示效果完成报销单的制作。

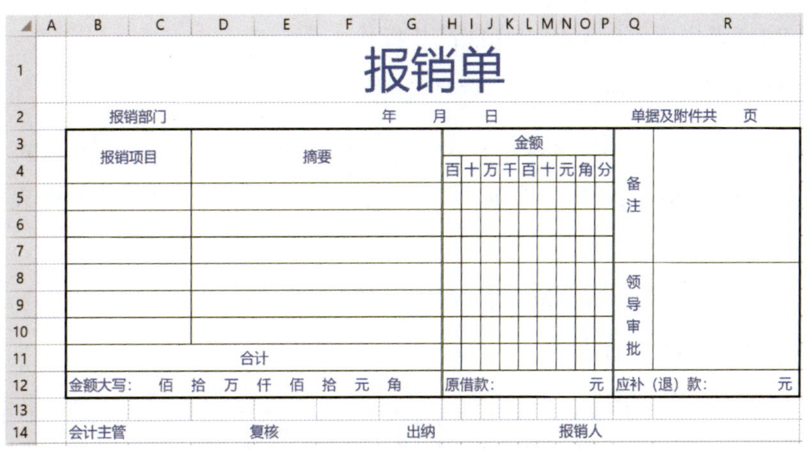

报销单

报销部门　年　月　日　单据及附件共　页

报销项目	摘要	金额									备注
		百	十	万	千	百	十	元	角	分	
											领导审批
合计											
金额大写：　佰　拾　万　仟　佰　拾　元　角		原借款：　元									应补（退）款：　元

会计主管　复核　出纳　报销人

图 3-1-3　报销单

七、知识巩固与提高

1. 判断题

（1）在 WPS 表格中，在单元格中录入文本时按下 Enter 键可以换行。（　　）

（2）在 WPS 表格中，除了在单元格中录入数据外，还可以使用编辑栏进行编辑。（　　）

（3）在 WPS 表格中，对工作表重命名时，名字中间不允许有空格。（　　）

（4）在 WPS 表格中，如在工作表中插入一列，则一般插在当前列的左侧。（　　）

（5）在 WPS 表格中，两个相邻的单元格内容分别为 1 和 3，使用填充柄进行填充，则后续序列为 5，7，9，…。（　　）

2. 单选题

（1）在 WPS 表格中，新建一个工作簿后，默认含有（　　）个工作表。

A. 1　　B. 3　　C. 16　　D. 256

（2）WPS 表格广泛应用于（　　）。

A. 统计分析、财务管理分析、行政管理等方面

B. 工业设计、机械制造、建筑工程等方面

C. 美术设计、装潢、图片制作等方面

D. 多媒体制作等方面

（3）关于 WPS 表格，下面说法中错误的是（　　）。

A. WPS 表格是表格处理软件

B. WPS 表格不具有数据库管理能力

C. WPS 表格具有报表编辑、分析数据、图表处理、连接及合并等能力

D. 在 WPS 表格中可以利用宏功能简化操作

（4）WPS 表格不可以打开（　　）类型的文件。

A. *.et　　B. *.xls　　C. *.xlsx　　D. *.jpg

（5）在 WPS 表格中，下列选项中，不能实现在工作簿中新建工作表操作的是（　　）。

A. 单击工作表标签栏右侧的“新建工作表”按钮“+”

B. 按下 Shift+F11 组合键

C. 按下 Ctrl+N 组合键

D. 单击某一工作表标签后单击鼠标右键，再单击快捷菜单中的“插入工作表”命令

（6）在 WPS 表格中，在工作表中的单元格编辑内容时，对文本执行强制换行的操作方法是按下（　　）。

A. Enter 键　　B. Alt+Enter 组合键

C. Shift+Enter 组合键　　D. PageDown 键

（7）在 WPS 表格中，隐藏的行和列在打印时将（　　）。

A. 被打印出来　　B. 不被打印出来

C. 只打印行　　D. 只打印列

（8）WPS 表格工作表中某个单元格显示为“########”，这表示（　　）。

A. 公式错误　　B. 格式错误　　C. 行高不够　　D. 列宽不够

（9）在 WPS 表格中，在工作表中的单元格输入数字字符的文本型数据（如身份证号、邮政编码等）时，要在数字字符前加一个英文输入状态下的（　　）。

A. 逗号　　B. 分号　　C. 单引号　　D. 双引号

（10）在 WPS 表格中，单元格区域“A1:B3”代表的单元格为（　　）。

A. A1，B3　　B. A1，B1，A3，B3

C. A1，B1，B2，B3　　D. A1，A2，A3，B1，B2，B3

实训项目二
制作竞赛成绩表——WPS 表格公式及函数运算

一、实训任务

学院电气系正在举办技能竞赛，各参赛选手初赛后的理论成绩、实操成绩和答辩成绩已录入表中，现在需要按竞赛规则计算各选手的总评成绩，排出取得的名次，自动给出是否晋级复赛（成绩大于等于 85 分）的判断，并统计各项平均分、最高分和最低分，完成后的效果如图 3-2-1 所示。

竞赛成绩表						
选手	理论成绩40%	实操成绩40%	答辩成绩20%	总评成绩	是否晋级	名次
S-001	89	92	85	89.40	是	4
S-002	85	88	86	86.40	是	6
S-003	90	89	88	89.20	是	5
S-004	78	85	80	81.20	否	9
S-005	82	83	87	83.40	否	7
S-006	78	82	81	80.20	否	10
S-007	94	92	92	92.80	是	2
S-008	92	91	90	91.20	是	3
S-009	96	92	92	93.60	是	1
S-010	80	84	86	82.80	否	8
各项平均分	86.4	87.8	86.7	87.02		
各项最高分	96	92	92	93.6		
各项最低分	78	82	80	80.2		

图 3-2-1　竞赛成绩表

二、任务分析

要完成本项目，应按照以下思维导图复习教材中学到的知识技能点。

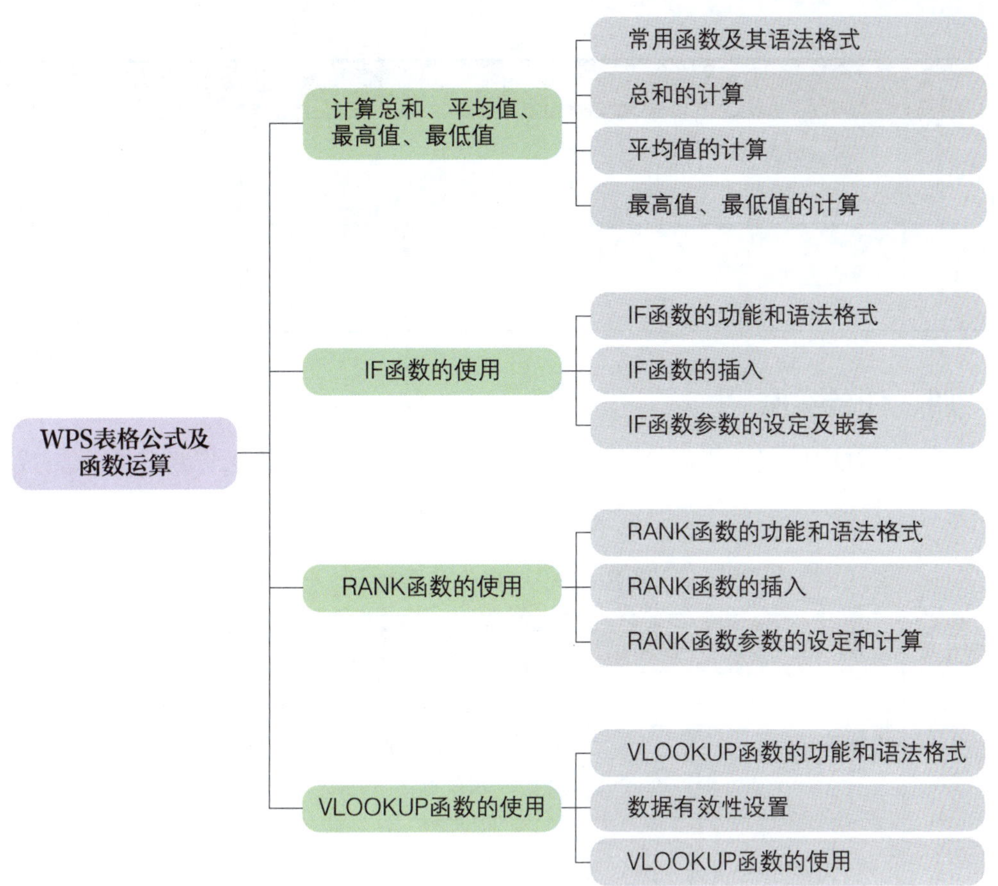

本项目需要使用公式和函数计算竞赛成绩表。在完成项目的过程中，计算总成绩需要使用公式，在使用公式时应在编辑栏处录入“=”后再录入公式。其余项目统计使用函数计算等，使用函数时应注意语法提示及填充柄、相对引用和绝对引用的使用技巧。

三、制订计划

根据任务分析，制订完成本项目的实训计划，填入表 3-2-1 中。

表 3-2-1　实训计划

序号	工作内容	所需时间
1		
2		

续表

序号	工作内容	所需时间
3		
4		

四、任务实施

打开素材中的“竞赛成绩表.xlsx”，按照表 3-2-2 所列的操作步骤提示完成本项目。

表 3-2-2　操作步骤提示

序号	操作步骤	内容
1	公式的应用	在 E3:E12 单元格区域中使用公式计算出“总成绩”（总成绩 = 理论成绩 ×0.4+ 实操成绩 ×0.4+ 答辩成绩 ×0.2），结果保留 2 位小数
2	AVERAGE 函数的应用	在 B13:E13 单元格区域中使用函数计算出“各项平均分”，结果保留 2 位小数
3	MAX 函数的应用	在 B14:E14 单元格区域中使用函数计算出“各项最高分”
4	MIN 函数的应用	在 B15:E15 单元格区域中使用函数计算出“各项最低分”
5	RANK 函数的应用	在 G3:G12 单元格区域中使用函数按总成绩降序的方式计算出“名次”
6	IF 函数的应用	在 F3:F12 单元格区域中使用函数计算出“是否晋级”，如果总成绩大于等于 85 分，则为“是”，否则为“否”
7	保存文件	按 Ctrl+S 组合键保存文档

将实训过程中遇到的疑点、难点及相应的解决方法和心得体会记录在表 3-2-3 中，并在组内进行讨论和分享。

表 3-2-3　经验和心得记录

序号	涉及的操作步骤	经验和心得

五、总结与评价

实训任务完成后，以适当的形式在班级内展示学习成果，交流学习心得，并归纳、总结实训中的收获，纳入思维导图中。

采用学生自评、学生互评与教师评价相结合的多元评价方式，按表 3-2-4 所列评价项目完成实训评价。

表 3-2-4　实训评价

序号	评价项目	评价要求	分值	学生自评/30%	学生互评/30%	教师评价/40%
1	自主复习	实训前能应用思维导图复习、总结学过的内容	5			
2	计划制订	对实训任务的分析准确、到位，有明确与可行的操作步骤	10			
3	任务实施及检查评估	操作熟练、得当，成果能满足任务要求，具体包括： 1. 能计算公式编写正确，复制公式操作无误（10 分） 2. 能选用函数合理，数据操作无误（AVERAGE、MAX、MIN、RANK、IF 函数，每正确使用 1 个函数得 10 分） 3. 数据格式设置正确（5 分） 4. 能使用正确的名称、文件类型和存储路径保存文件（5 分）	70			

续表

序号	评价项目	评价要求	分值	学生自评/30%	学生互评/30%	教师评价/40%
4	成果展示及学习心得交流	成果展示与汇报时，能使用专业术语，口头表达准确，语言清晰流畅，发言声音洪亮，倾听汇报耐心，仪态大方	10			
5	自主总结	能将实训后的收获进行梳理、总结并纳入思维导图中	5			
6	6S 规范	每发现 1 次不符合规范的操作扣 2 分；若违反安全操作规范实训成绩记 0 分	/			
	综合得分		100			

六、实训拓展

1. 制作办公用品采购表

某公司需要采购一批办公用品，为方便财务核算，采购部门制作了采购物品清单。打开素材中的“办公用品采购表.xlsx”文件，分别计算出各物品的金额和采购这批办公用品的合计金额，结果如图 3-2-2 所示。

办公用品采购情况表				
品名	规格	数量	单价/元	金额/元
黑色签字笔	支	100	1.00	100
黑色签字笔笔芯	支	500	0.40	200
红色签字笔	支	100	1.00	100
红色签字笔笔芯	支	200	0.40	80
2B铅笔	支	100	0.60	60
卷笔刀	个	50	1.00	50
橡皮擦	个	50	1.00	50
记事本	本	100	2.50	250
燕尾夹（小号）	盒	30	9.80	294
燕尾夹（中号）	盒	30	11.30	339
燕尾夹（大号）	盒	30	16.80	504
A4打印纸（白）	包	50	25.40	1270
固体胶水	支	50	1.10	55
剪刀	把	50	3.60	180
			合计（元）	3532

图 3-2-2 办公用品采购表

2. 制作竞选投票记录表

学校竞选校园之星，学生会为了便于计算支持率，制作了竞选投票记录表，对支持率进行计算。打开素材中的“竞选投票记录表.xlsx”文件，计算出本轮投票的总票数和各选手的支持率，结果如图 3-2-3 所示。

竞选投票记录表		
姓名	支持票数	支持率
梁铭宇	125	13.84%
黄智勇	89	9.86%
张丽影	154	17.05%
王菲菲	99	10.96%
张梦婷	75	8.31%
李钦	148	16.39%
范丽园	213	23.59%
总票数	903	

图 3-2-3　竞选投票记录表

3. 制作销售业绩表

某公司为了便于计算各业务员的业绩，制作了销售业绩表，便于计算各项数据。打开素材中的“销售业绩表.xlsx”文件，计算各员工本年度的累计销售额、超计划完成额、计划完成率和销售提成，结果如图 3-2-4 所示。销售提成的比例是：完成率大于或等于 100% 的提成为超计划完成额的 30%，完成率大于或等于 105% 的提成为超计划完成额的 50%，未完成计划的无提成。

销售业绩表											
片区	负责人	岗位	本年计划/万元	第一季度实际销售/万元	第二季度实际销售/万元	第三季度实际销售/万元	第四季度实际销售/万元	累计销售额/万元	超计划完成额/万元	计划完成率	销售提成/万元
山东	陈菲	组员	950.00	263.82	158.75	346.22	124.65	893.44	-56.56	94.05%	0.00
河南	吴满梅	组长	1200.00	330.53	428.85	216.60	285.13	1261.11	61.11	105.09%	30.56
四川	李毅光	组员	950.00	281.57	243.44	242.64	205.00	972.65	22.65	102.38%	6.79
新疆	高霖	组员	950.00	194.90	225.70	325.12	208.10	953.82	3.82	100.40%	1.15
广东	梁志挺	经理	1500.00	312.50	352.80	441.20	474.00	1580.50	80.50	105.37%	40.25
上海	王顺华	经理	1500.00	387.17	395.28	352.48	458.80	1593.73	93.73	106.25%	46.87
吉林	郑思翰	组员	950.00	352.00	258.00	206.23	166.64	982.87	32.87	103.46%	9.86
内蒙古	胡金瑜	组长	1200.00	386.16	348.04	244.00	268.87	1247.07	47.07	103.92%	14.12
湖南	唐溪捷	组员	950.00	213.77	165.30	295.00	259.10	933.17	-16.83	98.23%	0.00
重庆	唐文杰	组员	950.00	252.45	183.20	237.00	296.82	969.47	19.47	102.05%	5.84
陕西	袁佩珊	组长	1200.00	346.80	333.25	272.00	224.59	1176.64	-23.36	98.05%	0.00

图 3-2-4　销售业绩表

七、知识巩固与提高

1. 判断题

（1）在 WPS 表格中，在某个单元格中录入“=2+3*2”，结果为 10。（　　）

（2）在 VLOOKUP 函数中，False 的含义是精确匹配。（　　）

（3）在 WPS 表格中，在 A1 单元格中录入“广东省”，在 B1 单元格中录入“珠海市”，在 C1 单元格中录入“=A1&B1”，显示结果为“广东省珠海市”。（　　）

（4）在 WPS 表格中，对一组或多组数据求最小值，可使用 MAX 函数。（　　）

（5）在 WPS 表格中，使用 RANK 函数对数据进行名次排名时，如果出现同分，则名次相同。（　　）

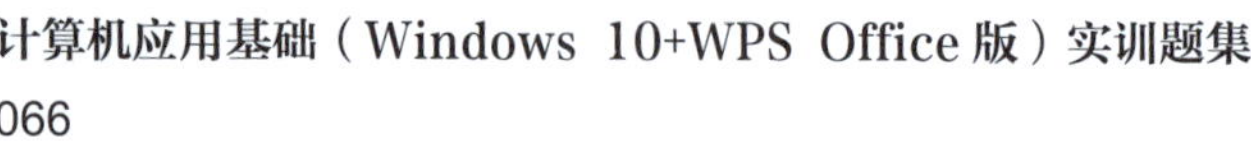

2. 单选题

（1）在 WPS 表格中，在单元格中输入公式时，应先输入（　　）。

A. =　　B. &　　C. @　　D. %

（2）在 WPS 表格中，用于实现文本数据前后相连的运算符是（　　）。

A. +　　B. #　　C. &　　D. -

（3）在 WPS 表格中，正确的算术运算符是（　　）等。

A. +、-、*、>　　B. >、=、<

C. +、-、*、/　　D. &

（4）在 WPS 表格中，对单元格进行绝对引用可以使用的功能键是（　　）。

A. F1　　B. F4　　C. F5　　D. F6

（5）在 WPS 表格中，可以对需要引用的单元格区域定义名称，其在公式中的引用方式相当于对单元格的（　　）引用。

A. 交叉　　B. 相对　　C. 混合　　D. 绝对

（6）在 WPS 表格中，对单元格的引用方式有多种，下列选项中用于对单元格绝对引用的是（　　）。

A. A1　　B. A$1　　C. $A1　　D. A1

（7）在 WPS 表格中，利用填充柄可以将数据复制到相邻单元格中，若选中含有数值的左右相邻的两个单元格，按住鼠标左键拖动填充柄，则数据将以（　　）填充。

A. 等差数列　　B. 等比数列

C. 左单元格数值　　D. 右单元格数值

（8）在 WPS 表格中，如果在单元格 D2 中输入公式“=A2+B2”，把该公式复制到 D3 单元格，则 D3 单元格中的公式将为（　　）。

A. =A2+B2　　B. =A3+B3

C. =C2+D2　　D. =C3+D3

（9）在 WPS 表格中，如果要在 G2 单元格得到 B2 到 F2 所有单元格的数值之和，应在 G2 单元格输入（　　）。

A. =SUM（B2+F2）　　B. =SUM（B2:F2）

C. =B2:F2　　D. SUM（B2:F2）

（10）在 WPS 表格中，当公式中出现除数为零的情况时，计算结果将显示为（　　）。

A. #N/A!　　B. #DIV/0　　C. #NUM!　　D. #VALUE!

实训项目三

分析统计劳保用品进销存表——WPS 表格数据的分析

一、实训任务

某店以销售劳保用品为主，店主李老板现要对 3 月和 4 月的物品进销存数据进行统计分析，包括以降序方式查看物品 4 月末结存量，汇总统计各类物品 4 月的销售总量等，使用条件格式、排序、自动筛选、高级筛选、分类汇总等多种方式进行分析，效果如图 3-3-1 所示。

	A	B	C	D	E	F	G
1	劳保用品进销存表						
2	物品名称	规格型号	单位	3月末结存量	4月进货量	4月销售量	4月末结存量
3	工作服	S-M号	套	10	50	45	15
4	防滑雨鞋	37-38码	双	12	20	14	18
5	手套	加厚棉线	双	38	80	108	10
6	安全帽	国标ABS	个	11	50	45	16
7	防滑雨鞋	39-40码	双	16	40	32	24
8	防滑雨鞋	41-42码	双	11	30	38	3
9	雨衣	一次性	件	23	50	48	25
10	防滑雨鞋	43-44码	双	10	15	18	7
11	防滑雨鞋	45-46码	双	8	10	16	2
12	工作服	L-XL号	套	8	50	38	20
13	雨衣	牛津布	件	16	50	52	14
14	工作服	XXL号	套	12	40	32	20
15	手套	橡胶防滑	双	25	60	76	9
16	手套	一次性	双	35	180	205	10
17	口罩	KN95呼吸阀	个	62	100	124	38
18	手套	尼龙防静电	双	18	80	85	13
19	口罩	KN95无阀	个	57	200	236	21
20	手套	电焊	双	27	50	68	9

a）

	A	B	C	D	E	F	G
1	劳保用品进销存表						
2	物品名称	规格型号	单位	3月末结存量	4月进货量	4月销售量	4月末结存量
3	口罩	KN95呼吸阀	个	62	100	124	38
4	雨衣	一次性	件	23	50	48	25
5	防滑雨鞋	39-40码	双	16	40	32	24
6	口罩	KN95无阀	个	57	200	236	21
7	工作服	L-XL号	套	8	50	38	20
8	工作服	XXL号	套	12	40	32	20
9	防滑雨鞋	37-38码	双	12	20	14	18
10	安全帽	国标ABS	个	11	50	45	16
11	工作服	S-M号	套	10	50	45	15
12	雨衣	牛津布	件	16	50	52	14
13	手套	尼龙防静电	双	18	80	85	13
14	手套	加厚棉线	双	38	80	108	10
15	手套	一次性	双	35	180	205	10
16	手套	橡胶防滑	双	25	60	76	9
17	手套	电焊	双	27	50	68	9
18	防滑雨鞋	43-44码	双	10	15	18	7
19	防滑雨鞋	41-42码	双	11	30	38	3
20	防滑雨鞋	45-46码	双	8	10	16	2

b）

	A	B	C	D	E	F	G
1	劳保用品进销存表						
2	物品名称	规格型号	单位	3月末结存量	4月进货量	4月销售量	4月末结存量
4	雨衣	一次性	件	23	50	48	25
5	防滑雨鞋	39-40码	双	16	40	32	24
9	防滑雨鞋	37-38码	双	12	20	14	18
12	雨衣	牛津布	件	16	50	52	14
18	防滑雨鞋	43-44码	双	10	15	18	7
19	防滑雨鞋	41-42码	双	11	30	38	3
20	防滑雨鞋	45-46码	双	8	10	16	2

c）

物品名称	规格型号	单位	3月末结存量	4月进货量	4月销售量	4月末结存量
口罩	KN95呼吸阀	个	62	100	124	38
口罩	KN95无阀	个	57	200	236	21
手套	尼龙防静电	双	18	80	85	13
手套	加厚棉线	双	38	80	108	10
手套	一次性	双	35	180	205	10

d）

	A	B	C	D	E	F	G
1	劳保用品进销存表						
2	物品名称	规格型号	单位	3月末结存量	4月进货量	4月销售量	4月末结存量
4	安全帽 汇总					45	
10	防滑雨鞋 汇总					118	
14	工作服 汇总					115	
17	口罩 汇总					360	
23	手套 汇总					542	
26	雨衣 汇总					100	
27	总计					1280	

e）

图 3-3-1 劳保用品进销存表

a）突出显示单元格数据 b）排序查看 4 月末结存量 c）自动筛选雨衣和防滑雨鞋数据
d）高级筛选口罩和手套数据 e）分类汇总各物品 4 月销售总量

二、任务分析

要完成本项目，应按照以下思维导图复习教材中学到的知识技能点。

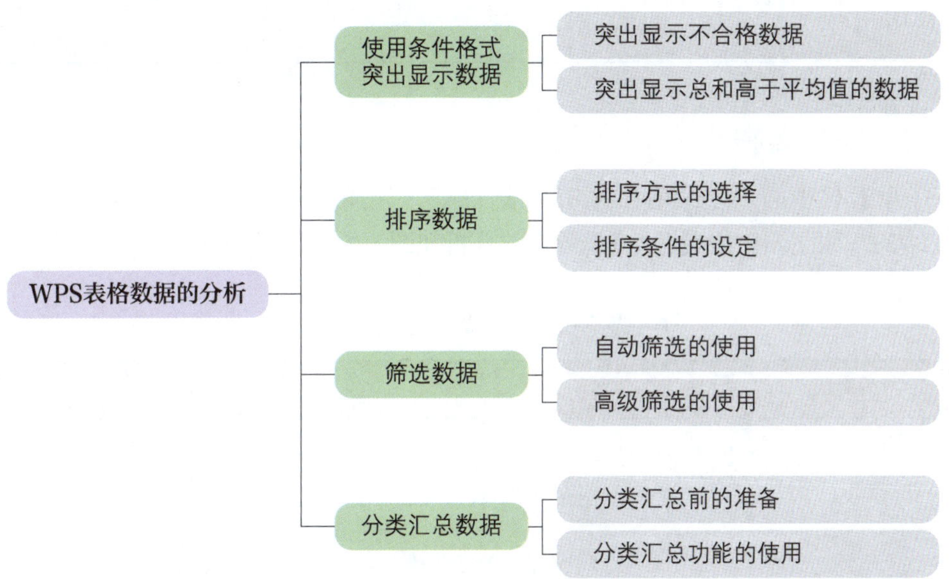

本项目的内容是使用条件格式、排序、筛选和分类汇总对物品进销存数据进行分析。分析时应注意：使用条件格式时，如对设立的条件规则不满意，可先清除规则再添加新条件；使用排序工具时，要全选数据后再进行排序；自动筛选只能做条件并列的筛选，如筛选条件复杂可选用高级筛选来筛选数据；使用分类汇总统计数据前要先对分类字段进行排序，再进行分类汇总操作。

三、制订计划

根据任务分析，制订完成本项目的实训计划，填入表 3–3–1 中。

表 3–3–1 实训计划

序号	工作内容	所需时间
1		
2		
3		

续表

序号	工作内容	所需时间
4		

四、任务实施

打开素材中的“劳保用品进销存表.xlsx”，使用 Sheet1 工作表中的数据，按照表 3-3-2 所列的操作步骤提示完成数据的分析和图表的制作。

表 3-3-2　操作步骤提示

序号	操作步骤	内容
1	条件格式	将 3 月末结存量最少的 5 项的单元格用“浅红填充色、深红色文本”突出显示出来
2	排序	以“4 月末结存量”为主关键字进行降序方式排序
3	自动筛选	在 Sheet1 工作表中，筛选出防滑雨鞋和雨衣的数据，并将筛选后的数据（含字段名）复制到 Sheet2 工作表中从 A1 单元格为开始的区域
4	高级筛选	在 Sheet1 工作表中，先取消自动筛选操作，使用高级筛选，筛选出“4 月销售量大于等于 80 的手套和 4 月销售量大于等于 20 的口罩”，以 I2 单元格开始为条件区域，以 A22 单元格为结果输出区域
5	分类汇总	以“物品名称”为分类汇总字段，以“4 月销售量”为汇总项，进行求和的分类汇总，只显示汇总项，隐藏原始数据
6	保存文件	按 Ctrl+S 组合键保存文档

将实训过程中遇到的疑点、难点及相应的解决方法和心得体会记录在表 3-3-3 中，并在组内进行讨论和分享。

表 3-3-3　经验和心得记录

序号	涉及的操作步骤	经验和心得

五、总结与评价

实训任务完成后，以适当的形式在班级内展示学习成果，交流学习心得，并归纳、总结实训中的收获，纳入思维导图中。

采用学生自评、学生互评与教师评价相结合的多元评价方式，按表 3-3-4 所列评价项目完成实训评价。

表 3-3-4　实训评价

序号	评价项目	评价要求	分值	学生自评 /30%	学生互评 /30%	教师评价 /40%
1	自主复习	实训前能应用思维导图复习、总结学过的内容	5			
2	计划制订	对实训任务的分析准确、到位，有明确与可行的操作步骤	10			
3	任务实施及检查评估	操作熟练、得当，成果能满足任务要求，具体包括： 1. 条件格式规则设立正确，结果准确（10 分） 2. 能正确使用排序工具排序数据（10 分） 3. 能正确使用筛选工具筛选数据（20 分）	70			

续表

序号	评价项目	评价要求	分值	学生自评/30%	学生互评/30%	教师评价/40%
3	任务实施及检查评估	4. 能正确使用分类汇总统计数据（20 分） 5. 能使用正确的名称、文件类型和存储路径保存文件（10 分）				
4	成果展示及学习心得交流	成果展示与汇报时，能使用专业术语，口头表达准确，语言清晰流畅，发言声音洪亮，倾听汇报耐心，仪态大方	10			
5	自主总结	能将实训后的收获进行梳理、总结并纳入思维导图中	5			
6	6S 规范	每发现 1 次不符合规范的操作扣 2 分；若违反安全操作规范实训成绩记 0 分	/			
	综合得分		100			

六、实训拓展

1. 使用条件格式突出显示竞赛成绩

学院信息技术系举办技能竞赛，请你协助该系完成竞赛成绩表的统计分析。打开素材中“竞赛成绩表 .xlsx”文件，参考图 3-3-2 所示效果设计分析项目，对工作表中的数据进行分析。

竞赛成绩表

选手	理论成绩40%	实操成绩40%	答辩成绩20%	总成绩
S-001	89	92	85	89.4
S-002	85	88	86	86.4
S-003	90	89	88	89.2
S-004	78	85	80	81.2
S-005	82	83	87	83.4
S-006	78	82	81	80.2
S-007	94	92	92	92.8
S-008	92	91	90	91.2
S-009	96	92	92	93.6
S-010	80	84	86	82.8

图 3-3-2 竞赛成绩表效果

2. 使用排序分析产品销售情况统计表

某公司旗下有三家分店，公司总部张主管要统计分析三家分店本年度电子产品的销售情况。打开素材中的“产品销售情况统计表 .xlsx”文件，参考图 3-3-3 所示效果设计分析项目，对工作表中的数据进行分析。

产品销售情况统计表					
店铺	品名	季度	单价/元	销售数量	销售金额/元
北斗数码	主板套装B	第四季度	1338.00	28	37464
宏创数码	主板套装A	第二季度	988.00	37	36556
北斗数码	主板套装B	第三季度	1338.00	18	24084
宏创数码	主板套装A	第一季度	988.00	23	22724
北斗数码	显示器27寸	第四季度	979.00	23	22517
宏创数码	显示器27寸	第二季度	979.00	18	17622
北斗数码	固态硬盘480GB	第三季度	345.00	39	13455
博洋数码	机械键盘鼠标套装	第四季度	529.00	23	12167
博洋数码	机械键盘鼠标套装	第二季度	529.00	19	10051
宏创数码	移动硬盘2TB	第一季度	218.00	42	9156
博洋数码	移动硬盘2TB	第四季度	218.00	39	8502
北斗数码	显示器24寸	第三季度	829.00	10	8290
宏创数码	固态硬盘240GB	第二季度	215.00	35	7525
北斗数码	固态硬盘240GB	第三季度	215.00	23	4945
博洋数码	显示器24寸	第四季度	829.00	5	4145

a）

产品销售情况统计表					
店铺	品名	季度	单价/元	销售数量	销售金额/元
北斗数码	主板套装B	第三季度	1338.00	18	24084
北斗数码	主板套装B	第四季度	1338.00	28	37464
北斗数码	固态硬盘480GB	第三季度	345.00	39	13455
北斗数码	固态硬盘240GB	第三季度	215.00	23	4945
北斗数码	显示器27寸	第四季度	979.00	23	22517
北斗数码	显示器24寸	第三季度	829.00	10	8290
博洋数码	移动硬盘2TB	第四季度	218.00	39	8502
博洋数码	显示器24寸	第四季度	829.00	5	4145
博洋数码	机械键盘鼠标套装	第二季度	529.00	19	10051
博洋数码	机械键盘鼠标套装	第四季度	529.00	23	12167
宏创数码	主板套装A	第一季度	988.00	23	22724
宏创数码	主板套装A	第二季度	988.00	37	36556
宏创数码	固态硬盘240GB	第二季度	215.00	35	7525
宏创数码	移动硬盘2TB	第一季度	218.00	42	9156
宏创数码	显示器27寸	第二季度	979.00	18	17622

b）

产品销售情况统计表					
店铺	品名	季度	单价/元	销售数量	销售金额/元
宏创数码	固态硬盘240GB	第二季度	215.00	35	7525
北斗数码	固态硬盘240GB	第三季度	215.00	23	4945
北斗数码	固态硬盘480GB	第三季度	345.00	39	13455
博洋数码	机械键盘鼠标套装	第四季度	529.00	23	12167
博洋数码	机械键盘鼠标套装	第二季度	529.00	19	10051
北斗数码	显示器24寸	第三季度	829.00	10	8290
博洋数码	显示器24寸	第四季度	829.00	5	4145
北斗数码	显示器27寸	第四季度	979.00	23	22517
宏创数码	显示器27寸	第二季度	979.00	18	17622
宏创数码	移动硬盘2TB	第一季度	218.00	42	9156
博洋数码	移动硬盘2TB	第四季度	218.00	39	8502
宏创数码	主板套装A	第二季度	988.00	37	36556
宏创数码	主板套装A	第一季度	988.00	23	22724
北斗数码	主板套装B	第四季度	1338.00	28	37464
北斗数码	主板套装B	第三季度	1338.00	18	24084

c）

产品销售情况统计表					
店铺	品名	季度	单价/元	销售数量	销售金额/元
宏创数码	主板套装A	第一季度	988.00	23	22724
宏创数码	移动硬盘2TB	第一季度	218.00	42	9156
宏创数码	主板套装A	第二季度	988.00	37	36556
宏创数码	固态硬盘240GB	第二季度	215.00	35	7525
宏创数码	显示器27寸	第二季度	979.00	18	17622
博洋数码	机械键盘鼠标套装	第二季度	529.00	19	10051
北斗数码	主板套装B	第三季度	1338.00	18	24084
北斗数码	固态硬盘480GB	第三季度	345.00	39	13455
北斗数码	固态硬盘240GB	第三季度	215.00	23	4945
北斗数码	显示器24寸	第三季度	829.00	10	8290
北斗数码	主板套装B	第四季度	1338.00	28	37464
博洋数码	移动硬盘2TB	第四季度	218.00	39	8502
北斗数码	显示器27寸	第四季度	979.00	23	22517
博洋数码	显示器24寸	第四季度	829.00	5	4145
博洋数码	机械键盘鼠标套装	第四季度	529.00	23	12167

d）

图 3-3-3　产品销售情况统计表

a）按销售金额降序排序　b）按店铺排序　c）按品名排序　d）按季度排序

3. 筛选查看分析新能源汽车销售情况表

某公司营销部陈经理要从季度、片区、车型等类目统计分析本年度新能源汽车的销售情况。打开素材中的“新能源汽车销售情况表.xlsx”文件，参考图 3-3-4 所示效果设计分析项目，对工作表中的数据进行分析。

新能源汽车销售情况表			
季度	片区	车型	销量/台
3	北区	SUV	86
1	东区	SUV	58
4	西区	SUV	43
2	东区	SUV	48
4	南区	SUV	45
3	北区	SUV	65
2	北区	SUV	69
1	南区	SUV	89

a）

新能源汽车销售情况表			
季度	片区	车型	销量/台
3	北区	SUV	86
3	北区	SUV	65
2	北区	SUV	69
1	南区	SUV	89

b）

季度	片区	车型	销量/台
1	东区	SUV	58
1	东区	紧凑型	64
2	南区	豪华型	79

c）

图 3-3-4　新能源汽车销售情况表

a）筛选 SUV 车型数据　b）筛选销量高于 60 台的 SUV 车型数据

c）筛选第一季度东区销量高于 50 台和第二季度南区销量高于 50 台的数据

4. 使用分类汇总统计分析产品出库情况记录表

某店铺后勤部员工小吴要汇总分析 8 月份产品出库情况。打开素材中的“产品出库情况记录表.xlsx”文件，参考图 3-3-5 所示效果设计分析项目，对工作表中的数据进行分析。

	A	B	C	D	E	F	G
1	产品出库情况记录表						
2	出库日期	采购客户	产品名称	单位	出库数量	单价/元	合计金额/元
3	8月15日	永利机械	产品H-010	个	80	98	7840
4	8月15日	弘盛机械	产品H-010	个	25	98	2450
5	8月10日	弘盛机械	产品H-010	个	25	98	2450
6	8月10日	永利机械	产品H-010	个	50	98	4900
7	8月1日	永利机械	产品H-010	个	56	98	5488
8		产品H-010 汇总			236		23128
9	8月10日	弘盛机械	产品S-008	盒	86	45	3870
10	8月15日	弘盛机械	产品S-008	盒	100	45	4500
11	8月10日	彩铭机械	产品S-008	盒	52	45	2340
12	8月10日	永利机械	产品S-008	盒	150	45	6750
13		产品S-008 汇总			388		17460
14	8月10日	彩铭机械	产品W-001	支	75	12	900
15	8月1日	弘盛机械	产品W-001	支	86	12	1032
16	8月1日	永利机械	产品W-001	支	123	12	1476
17		产品W-001 汇总			284		3408
18	8月15日	永利机械	产品W-002	支	125	16	2000
19	8月10日	彩铭机械	产品W-002	支	125	16	2000
20	8月1日	弘盛机械	产品W-002	支	75	16	1200
21	8月15日	弘盛机械	产品W-002	支	100	16	1600
22		产品W-002 汇总			425		6800
23			总计		1333		50796

a）

	A	B	C	D	E	F	G
1	产品出库情况记录表						
2	出库日期	采购客户	产品名称	单位	出库数量	单价/元	合计金额/元
3	8月10日	彩铭机械	产品W-001	支	75	12	900
4	8月10日	彩铭机械	产品W-002	支	125	16	2000
5	8月10日	彩铭机械	产品S-008	盒	52	45	2340
6	彩铭机械 汇总				252		5240
7	8月10日	弘盛机械	产品S-008	盒	86	45	3870
8	8月15日	弘盛机械	产品H-010	个	25	98	2450
9	8月10日	弘盛机械	产品H-010	个	25	98	2450
10	8月1日	弘盛机械	产品W-001	支	86	12	1032
11	8月15日	弘盛机械	产品S-008	盒	100	45	4500
12	8月1日	弘盛机械	产品W-002	支	75	16	1200
13	8月15日	弘盛机械	产品W-002	支	100	16	1600
14	弘盛机械 汇总				497		17102
15	8月15日	永利机械	产品W-002	支	125	16	2000
16	8月15日	永利机械	产品H-010	个	80	98	7840
17	8月1日	永利机械	产品W-001	支	123	12	1476
18	8月10日	永利机械	产品H-010	个	50	98	4900
19	8月1日	永利机械	产品H-010	个	56	98	5488
20	8月10日	永利机械	产品S-008	盒	150	45	6750
21	永利机械 汇总				584		28454
22		总计			1333		50796

b）

	A	B	C	D	E	F	G
1	产品出库情况记录表						
2	出库日期	采购客户	产品名称	单位	出库数量	单价/元	合计金额/元
3	8月1日	弘盛机械	产品W-001	支	86	12	1032
4	8月1日	弘盛机械	产品W-002	支	75	16	1200
5		弘盛机械 汇总			161		2232
6	8月1日	永利机械	产品W-001	支	123	12	1476
7	8月1日	永利机械	产品H-010	个	56	98	5488
8		永利机械 汇总			179		6964
9	8月1日 汇总				340		9196
10	8月10日	彩铭机械	产品W-001	支	75	12	900
11	8月10日	彩铭机械	产品W-002	支	125	16	2000
12	8月10日	彩铭机械	产品S-008	盒	52	45	2340
13		彩铭机械 汇总			252		5240
14	8月10日	弘盛机械	产品S-008	盒	86	45	3870
15	8月10日	弘盛机械	产品H-010	个	25	98	2450
16		弘盛机械 汇总			111		6320
17	8月10日	永利机械	产品H-010	个	50	98	4900
18	8月10日	永利机械	产品S-008	盒	150	45	6750
19		永利机械 汇总			200		11650
20	8月10日 汇总				563		23210
21	8月15日	弘盛机械	产品H-010	个	25	98	2450
22	8月15日	弘盛机械	产品S-008	盒	100	45	4500
23	8月15日	弘盛机械	产品W-002	支	100	16	1600
24		弘盛机械 汇总			225		8550
25	8月15日	永利机械	产品W-002	支	125	16	2000
26	8月15日	永利机械	产品H-010	个	80	98	7840
27		永利机械 汇总			205		9840
28	8月15日 汇总				430		18390
29	总计				1333		50796

c）

图 3-3-5　产品出库情况记录表

a）按“产品名称”分类汇总　b）按“采购客户”分类汇总　c）按“采购客户”和“出库日期”分类汇总

七、知识巩固与提高

1. 判断题

（1）在 WPS 表格中，对某个数据进行分类汇总前，必须先对待分类的字段数据进行排序。（　　）

（2）在 WPS 表格中，排序对话框中的“升序”和“降序”指的是排列次序。（　　）

（3）在 WPS 表格中，自动筛选功能只能做内容筛选。（　　）

（4）在 WPS 表格中，使用条件格式改变单元格的外观可以通过单元格格式设置进行还原。（　　）

（5）在 WPS 表格中，高级筛选可以筛选一些条件较为复杂的数据。（　　）

2. 单选题

（1）在 WPS 表格中，如果要在某个区域中对满足条件的单元格设置格式改变其外观，应使用“开始”选项卡中的“(　　)”命令。

A. 单元格格式　　　　B. 单元格样式

C. 条件格式　　　　D. 套用表格格式

（2）在 WPS 表格中，对单元格数据执行多次条件格式命令后，单元格外观格式被改变，如想恢复单元格格式外观可以通过（　　）操作实现。

A. 设置单元格字体颜色　　　　B. 设置单元格底纹

C. 设置单元格边框　　　　D. 清除规则

（3）在 WPS 表格中，工作表中有多列数据，但只选定某一个列数据后执行“升序”命令时，会出现（　　）。

A. 直接对选定列数据进行升序排序，其余列数据不参与排序

B. 直接对选定列数据进行升序排序，其余列数据同时进行升序排序

C. 弹出“排序警告”

D. 同时选定所有数据，对选定列数据进行升序排序

（4）在 WPS 表格中，对所选定的数据执行降序排序，在序列中空白单元格行被（　　）。

A. 放置在排序数据的最后　　　　B. 放置在排序数据的最前

C. 不被排序　　　　D. 保持原始次序

（5）在 WPS 表格中，对数据进行自动筛选后，所选数据表的字段名旁都存在一个（　　）。

A. 下拉列表按钮　　　　B. 对话框

C. 窗口　　　　D. 工具栏

（6）在 WPS 表格中，进行自动筛选时可以设定各自的筛选条件，这些条件之间是（　　）的关系。

A. 与　　　　B. 或　　　　C. 非　　　　D. 异或

（7）在 WPS 表格中，使用高级筛选功能前须建立条件区域，如果条件与条件之间是与关系，所有条件应在条件区域的（　　）中输入。

A. 同一行　　　　B. 不同行　　　　C. 同一列　　　　D. 不同列

（8）在 WPS 表格中，使用高级筛选功能筛选出“产品名称为空调且销售区域为广东”的数据，以下条件区域表达正确的是（　　）。

A.

产品名称	销售区域
空调	广东

B.

产品名称	销售区域
空调	
	广东

C.

产品名称	空调
销售区域	广东

D.

产品名称	空调	
销售区域		广东

（9）在 WPS 表格中，使用高级筛选功能筛选出“专业名称为网络安全或移动互联”的数据，以下条件区域表达正确的是（　　）。

A.

专业名称	专业名称
网络安全	移动互联

B.

专业名称
网络安全
移动互联

C.

专业名称	
网络安全	移动互联

D.

专业名称	
网络安全	
	移动互联

（10）在 WPS 表格中，进行分类汇总操作时应先按照要分类的关键字段进行（　　）。

A. 筛选　　B. 查找　　C. 排序　　D. 计算

实训项目四
制作产品销售统计图——WPS 表格图表的应用

一、实训任务

某企业销售部梁经理手上有一份企业去年电子产品的销售情况数据表，现在需要根据销售情况数据表分析制作各季度产品销售金额和统计图，及各电子产品的销售金额及统计图，制作完成后的效果如图 3-4-1 所示。

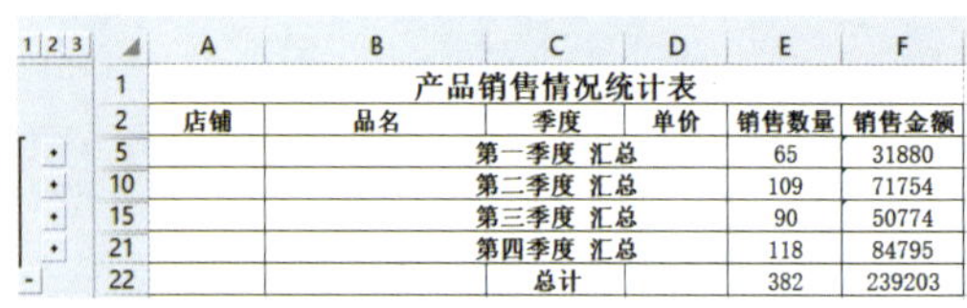

	A	B	C	D	E	F
1	产品销售情况统计表					
2	店铺	品名	季度	单价	销售数量	销售金额
5			第一季度 汇总		65	31880
10			第二季度 汇总		109	71754
15			第三季度 汇总		90	50774
21			第四季度 汇总		118	84795
22			总计		382	239203

a）

产品销售统计图（单位：元）

90000
80000
70000
60000
50000
40000
30000
20000
10000
0

金额

31880
71754
50774
84795

第一季度 汇总 第二季度 汇总 第三季度 汇总 第四季度 汇总

季度

■ 销售金额

b）

店铺	北斗数码		
求和项：销售金额	季度		
品名	第三季度	第四季度	总计
固态硬盘240GB	4945		4945
固态硬盘480GB	13455		13455
显示器24寸	8290		8290
显示器27寸		22517	22517
主板套装B	24084	37464	61548
总计	50774	59981	110755

c）

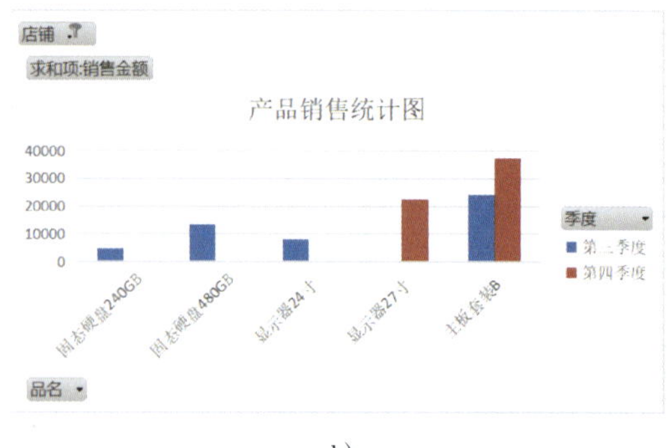

d）

图 3-4-1　产品销售情况统计图表

a）对季度销售金额进行统计　b）制作各季度产品销售统计图　c）使用数据透视表查看各产品销售金额
d）使用数据透视图查看产品销售金额

二、任务分析

要完成本项目，应按照以下思维导图复习教材中学到的知识技能点。

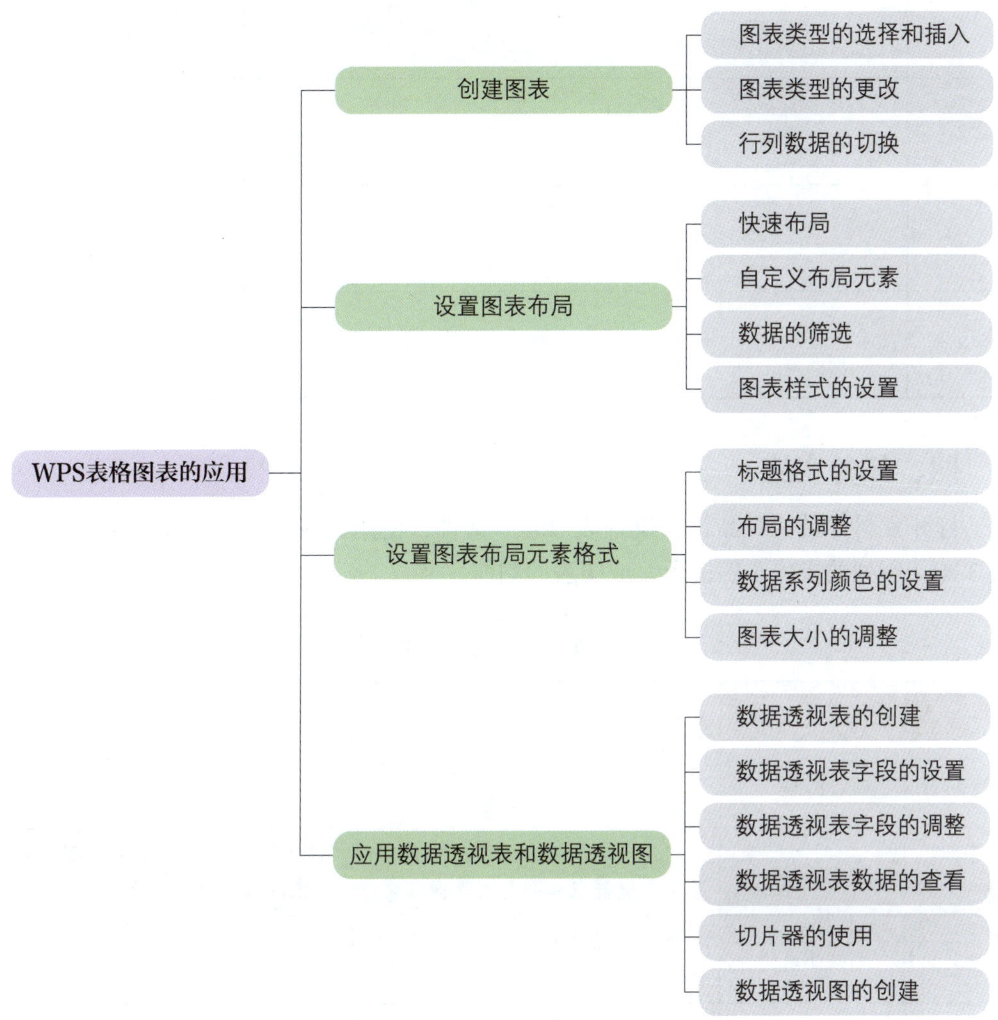

完成本项目需要制作图表、数据透视表、数据透视图，通过三种图表分析、查看数据。制作图表的目的是分析四个季度的销售情况，应选择簇状柱形图，由于产品数据量较大，应先使用分类汇总功能对数据进行分类再制作图表。数据透视表和数据透视图是一种动态图表，可通过调整字段区域展示不同的数据，方便又直观。

三、制订计划

根据任务分析，制订完成本项目的实训计划，填入表 3–4–1 中。

表 3-4-1 实训计划

序号	工作内容	所需时间
1		
2		
3		
4		

四、任务实施

打开素材中的“产品销售统计表 .xlsx”文件，使用 Sheet1 工作表中的数据，按照表 3-4-2 所列的操作步骤提示完成图表的制作。

表 3-4-2 操作步骤提示

序号	操作步骤	内容
1	排序数据	以“季度”为主要关键字，使用自定义序列按“第一季度、第二季度、第三季度、第四季度”的顺序排序
2	分类汇总	以“季度”为分类汇总字段，以“销售数量”和“销售金额”为汇总项，进行求和分类汇总；只显示季度汇总项，隐藏其余数据
3	创建图表	使用隐藏后的 C2:C21、F2:F21 单元格区域数据在 Sheet1 工作表中创建一个簇状柱形图
4	调整图表布局	使用快速布局中的“布局 9”设置图表 为图表添加数据标签，并在外显示数据标签；使用图表样式中的“样式 3”设置图表
5	设置图表标题	录入图表标题文字为“产品销售统计图（单位：元）”，设置其字体为黑体、字号为 18 号、字形为加粗
6	设置坐标轴标题格式	将 Y 轴标题的文字方向设置为竖排；录入 Y 轴坐标轴标题文字为“金额”，设置其字体为黑体、字号为 9 号、字形为加粗；并将 Y 轴标题文字字符间距加宽 5 磅；录入 X 轴标题文字为“季度”，设置其字体为黑体、字号为 9 号、字形为加粗；并将 X 轴标题文字字符间距加宽 5 磅；移动 X 轴至左侧

续表

序号	操作步骤	内容
7	设置图表背景格式	设置图表背景颜色为“白烟 – 背景 1– 深色 5%”
8	设置图例格式	将图例位置设置为在右侧
9	移动图表	将图表移动至 A25:F40 单元格区域中
10	保存文档	按 Ctrl+S 组合键保存文档

打开素材中的“产品销售统计表 .xlsx”文件，使用 Sheet2 工作表中的数据，按照表 3–4–3 所列的操作步骤提示完成数据透视表和数据透视图的制作。

表 3–4–3　操作步骤提示

序号	操作步骤	内容
1	创建数据透视表	使用 A2:F17 单元格区域数据，创建一个空白数据透视表
2	设置数据透视表元素	以“店铺”为报表筛选器，以“季度”为列标签，以“品名”为行标签，以“销售金额”为求和项
3	条件格式突出显示数据	使用条件格式将北斗数码的“第三季度、第四季度”销售金额前 3 项以“浅红填充色、深红色文本”突出显示出来
4	创建数据透视图	单击选定数据透视表中某个单元格，单击“分析”选项卡中的“数据透视图”按钮，插入一个簇状柱形图，录入图表标题为“产品销售统计图（单位：元）”
5	保存文档	按 Ctrl+S 组合键保存文档

将实训过程中遇到的疑点、难点及相应的解决方法和心得体会记录在表 3–4–4 中，并在组内进行讨论和分享。

表 3–4–4　经验和心得记录

序号	涉及的操作步骤	经验和心得

五、总结与评价

实训任务完成后，以适当的形式在班级内展示学习成果，交流学习心得，并归纳、总结实训中的收获，纳入思维导图中。

采用学生自评、学生互评与教师评价相结合的多元评价方式，按表 3-4-5 所列评价项目完成实训评价。

表 3-4-5　实训评价

序号	评价项目	评价要求	分值	学生自评/30%	学生互评/30%	教师评价/40%
1	自主复习	实训前能应用思维导图复习、总结学过的内容	5			
2	计划制订	对实训任务的分析准确、到位，有明确与可行的操作步骤	10			
3	任务实施及检查评估	操作熟练、得当，成果能满足任务要求，具体包括： 1. 能正确使用分类汇总统计数据（5 分） 2. 能正确创建图表、调整图表布局，正确设置图表各项元素格式，如图表标题、坐标轴标题、图表背景、图例等（30 分） 3. 能正确创建数据透视表，设置数据透视表元素，查看并分析数据透视表数据（15 分） 4. 能正确创建数据透视图，查看并分析数据透视图（10 分） 5. 能使用正确的名称、文件类型和存储路径保存文件（10 分）	70			
4	成果展示及学习心得交流	成果展示与汇报时，能使用专业术语，口头表达准确，语言清晰流畅，发言声音洪亮，倾听汇报耐心，仪态大方	10			
5	自主总结	能将实训后的收获进行梳理、总结并纳入思维导图中	5			
6	6S 规范	每发现 1 次不符合规范的操作扣 2 分；若违反安全操作规范实训成绩记 0 分	/			
综合得分			100			

六、实训拓展

1. 制作企业耗材上半年销售统计图

星宇耗材企业想通过制作图表查看上半年耗材的销售情况。打开素材中的“星宇耗材上半年销售统计表.xlsx”文件，使用Sheet1工作表中的数据完成销售情况统计图的制作，效果如图3-4-2所示。

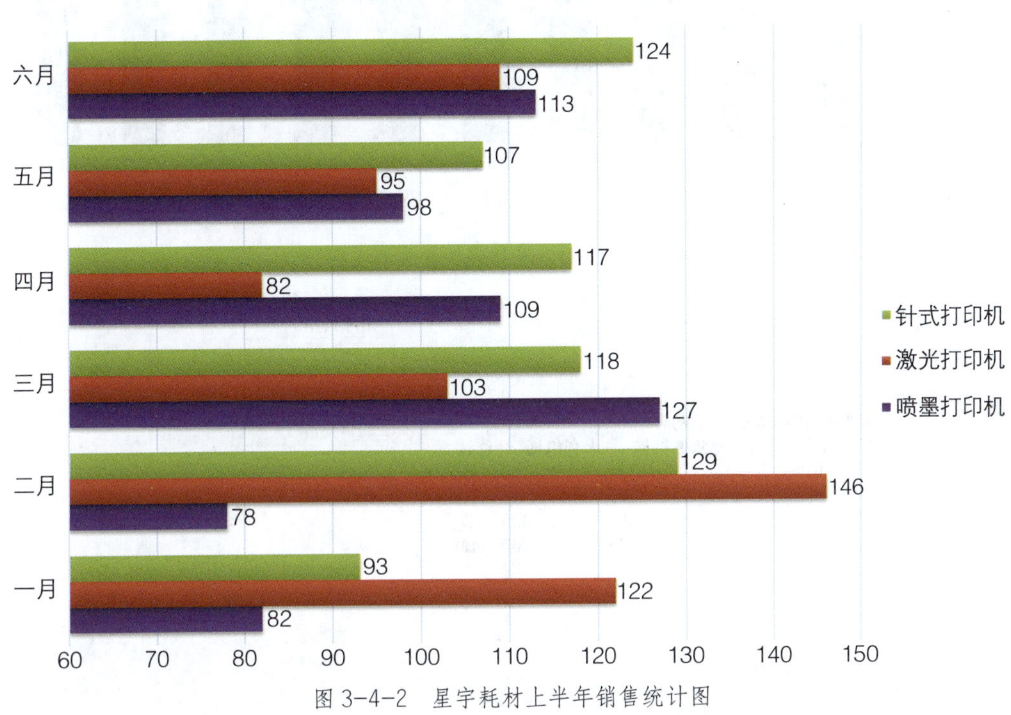

图3-4-2　星宇耗材上半年销售统计图

2. 制作竞赛成绩统计图表

学院信息技术系举办技能竞赛，请你协助该系制作竞赛成绩统计图。打开素材中的“竞赛成绩统计表.xlsx”文件，使用Sheet1工作表中的数据完成竞赛成绩统计图的制作，效果如图3-4-3所示。

3. 制作产品出库情况数据透视表和数据透视图

某店铺后勤部员工小吴想通过制作数据透视表快速汇总分析8月产品出库情况。打开素材中的“产品出库情况表.xlsx”文件，使用Sheet1工作表中的数据完成数据透视表和数据透视图的制作，效果如图3-4-4所示。

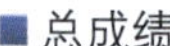

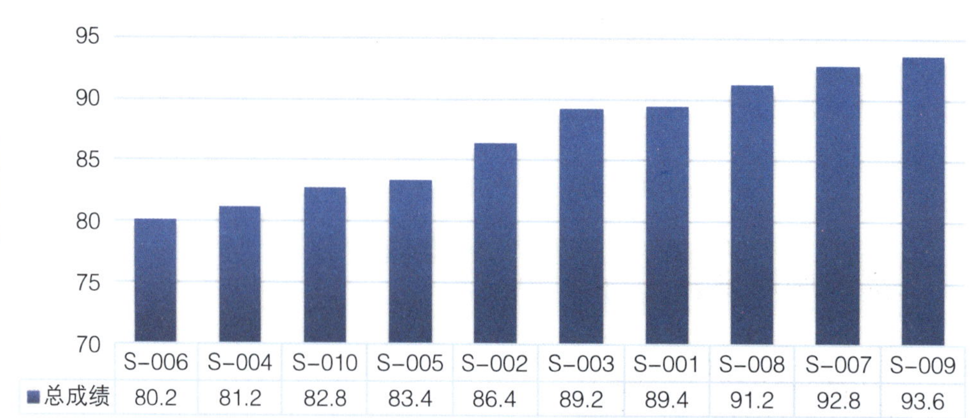

图 3-4-3　竞赛成绩统计图

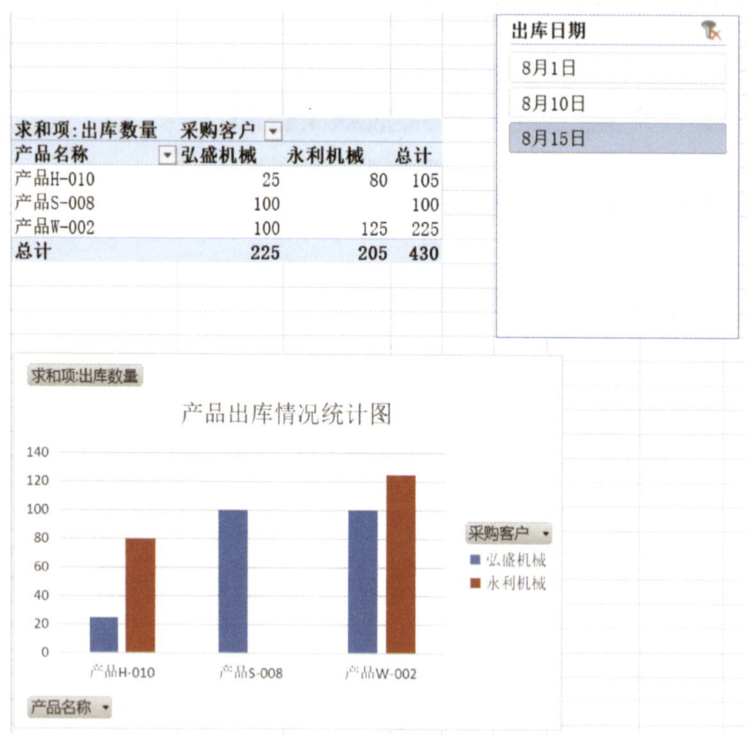

求和项:出库数量	采购客户		
产品名称	弘盛机械	永利机械	总计
产品H-010	25	80	105
产品S-008	100		100
产品W-002	100	125	225
总计	225	205	430

图 3-4-4　产品出库情况数据透视表和数据透视图

七、知识巩固与提高

1. 判断题

（1）在 WPS 表格中，图表中的图表类型选定后则不能修改。　　　　（　　）

（2）在 WPS 表格中，当数据区域中的数据系列被删除后，图表中的相应内容也会被删除。（ ）

（3）在 WPS 表格中，按 Delete 键可以直接将图表删除。（ ）

（4）在 WPS 表格中，可以通过改变数据透视图布局，从而以不同的方式查看数据。（ ）

（5）在 WPS 表格中，数据透视表是一种可以快速汇总大量数据的交互式表格。（ ）

2. 单选题

（1）在 WPS 表格中，工作表数据的图形表示方法称为（ ）。

A. 图形　B. 表格　C. 表单　D. 图表

（2）在 WPS 表格中，以下不属于图表类型的是（ ）。

A. 柱形图　B. 饼图　C. 组合图　D. 交叉图

（3）在 WPS 表格中，当工作簿中有多个工作表和图表时，执行“保存”命令后，（ ）。

A. 只单独保存当前编辑的工作表文件

B. 将工作表和图表分成两个文件来保存

C. 将工作表和图表作为一个文件来保存

D. 会弹出提示询问保存哪个文件

（4）使用 WPS 表格可以创建各类图表，如条形图、柱形图等。为了显示数据系列中每一项占该系列数据值总和的比例关系，可选择（ ）。

A. 条形图　B. 柱形图　C. 折线图　D. 饼图

（5）在 WPS 表格中可以创建嵌入式图表，它和创建图表的数据源放置在（ ）工作表中。

A. 不同的　B. 相邻的　C. 同一张　D. 另一工作簿的

（6）在 WPS 表格中，产生图表的基础数据发生变化后，图表将（ ）。

A. 被删除　B. 没有变化

C. 发生相应的改变　D. 发生改变，但与数据无关

（7）在 WPS 表格中，正确选定数据区域创建图表是很关键的，若需选定不连续列数据，可配合（ ）键选定。

A. Alt　B. Shift　C. Ctrl　D. Home

（8）在 WPS 表格中，以下不是数据透视表区域的是（ ）。

A. 筛选器区域　　B. 行区域　　C. 列区域　　D. 计算区域

（9）在WPS表格中，如要将已创建的整个数据透视表删除，可以在选定数据透视表后，通过（　　）操作完成。

A. 按Delete键

B. 按Backspace键

C. 单击“分析”选项卡中的“清除”命令

D. 单击“分析”选项卡中的“删除数据透视表”命令

（10）在WPS表格中，以下选项中不能创建数据透视图的是（　　）。

A. 单击“插入”选项卡下的“数据透视图”命令

B. 单击选定数据透视表中任意一个单元格，单击“分析”选项卡下的“数据透视图”命令

C. 单击选定数据透视表中任意一个单元格，单击“插入”选项卡下的“全部图表”命令

D. 单击“插入”选项卡下的“全部图表”命令

模块四

精美的演示文稿

实训项目一

制作“珠海之行”演示文稿——WPS 演示文稿的创建与编辑

一、实训任务

张丽同学跟家人去珠海旅行后，在班级上以演示文稿的形式与同学展示分享了珠海的美景与美食。结合素材，制作一个“珠海之行”的演示文稿，效果如图 4-1-1 所示。

珠海之行

第 1 张幻灯片

目录

01 珠海必游景点

02 珠海必尝美食

第 2 张幻灯片

珠海必游景点

第 3 张幻灯片

必游景点TOP1 情侣路

沿路景色秀丽、安静，是个休闲散步的好去处！情侣路不仅成为了珠海的一张名片，也成了中国很多海滨城市竞相模仿的对象。全长28千米的情侣路，作为珠海浪漫之城的代表、珠海的城市名片，提升了珠海城市的知名度。

第 4 张幻灯片

必游景点TOP2 珠海歌剧院

中国唯一建设在海岛上的歌剧院——珠海歌剧院于2010年4月28日动工建设，选址位于野狸岛，不仅荟萃了情侣路的浪漫休闲，还糅合了珠海歌剧院的高雅氛围，更融汇了野狸岛的生态海景，珠海歌剧院现已成为多业态、多功能、一站式的海上休闲娱乐旅游体验中心。因为得天独厚的地理位置优势，珠海歌剧院与城建海韵城、野狸岛“合三为一”，成为粤港澳集文化、旅游、娱乐于一体的美感地标。

第 5 张幻灯片

必游景点TOP3 珠海横琴长隆海洋王国

来与珍稀的白鲸、北极熊见面!珠海横琴国际海洋度假区汇聚了海洋主题公园和度假区，以及设计、包装、设备生产、制作等各类项目的最优秀公司，展示了当今世界最先进的技术和手段。

第 6 张幻灯片

必游景点TOP4 珠海渔女

珠海渔女雕像位于珠海市香炉湾畔，这尊珠海渔女雕像有8.7米高，重达10吨，用花岗岩石分70件组合而成，是中国著名雕塑家潘鹤的杰作。渔女雕像已成为珠海市的象征，是珠海一处著名的免费旅游景点。

第 7 张幻灯片

必游景点TOP5 外伶仃岛

中国唯一能看到香港市区的海岛，旅行的一个好地方，游览观光四季皆宜。岛上冬无寒凉，夏无酷暑，四季如春，山水兼得。夏天可去游泳钓鱼，冬天可去爬山，四季气温舒适，皆有景可观。

第 8 张幻灯片

必游景点TOP6 珠海圆明新园

珠海圆明新园于1997年2月2日正式建成并开放，它坐落于珠海九州大道石林山下，以北京圆明园为蓝本，按1∶1比例精选圆明园四十景中的十八景修建而成，它以其浓厚的清文化，精雅别致的亭、台、楼、阁和气势磅礴的大型舞蹈表演吸引了无数国内外游客。圆明新园融古典皇家建筑群、江南古典园林建筑群和西洋建筑群为一体，为游客再现了清朝的盛世风华。

第 9 张幻灯片

珠海必尝美食

第 10 张幻灯片

渔歌唱晚

珠海的十大名菜之一，该菜制作讲究，先把濑尿虾背上的硬壳剪掉，在中间开一刀，腌入酒店秘制的咸淡水虾胶，再上一层炸粉丝，待油烧开，放入已腌好的濑尿虾炸至金黄即可。上菜时配以一个用面类做好的网及一樽捕鱼翁雕塑，使该菜更具文化特色。

第 11 张幻灯片

重壳蟹

珠海斗门重壳蟹又称松壳蟹，生长于咸淡水海域，是一种极少有的海鲜，其色泽光亮，肉质嫩滑，口感好，味道鲜香，营养价值高，含有丰富的蛋白质，是滋补佳肴，在港、澳、台和珠海等地区闻名遐迩。重壳蟹是蟹中之珍品，身上长着硬、软两层壳。它在发育过程中慢慢脱掉硬壳“铁甲”，保留软壳“红袍”，当中蟹体结实丰满，肉厚有黄。这种蟹无法饲养且较难捕捉，加上数量又少，因而更加珍贵。

第 12 张幻灯片

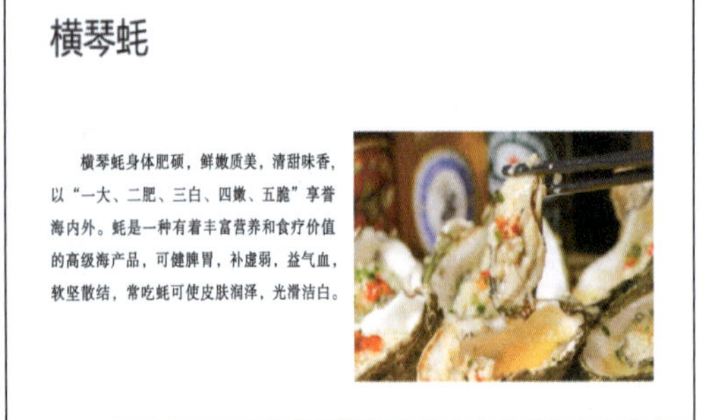

第 13 张幻灯片

第 14 张幻灯片

图 4-1-1 “珠海之行”演示文稿最终效果

二、任务分析

要完成本项目，应按照以下思维导图复习教材中学到的知识技能点。

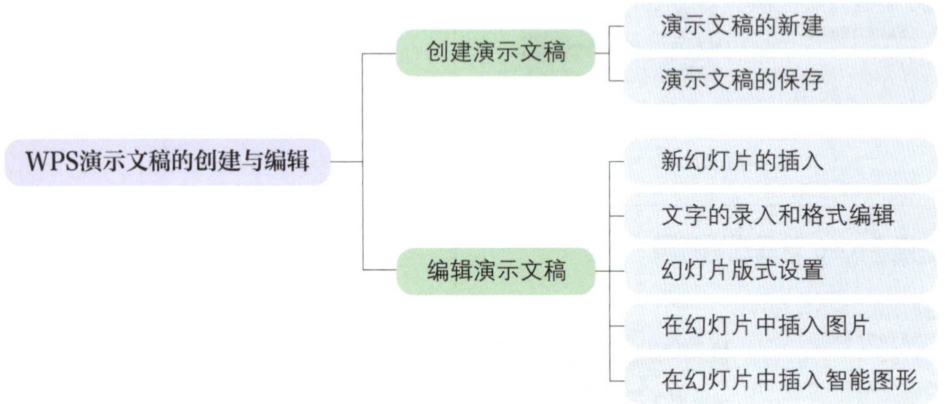

完成本项目需要使用 WPS Office 创建和编辑演示文稿。在使用过程中可灵活按照内容需要添加幻灯片并对版式进行适当修改，根据需要插入图片、智能图形等元素，让幻灯片布局更加合理。

三、制订计划

根据任务分析，制订完成本项目的实训计划，填入表 4-1-1 中。

表 4-1-1 实训计划

序号	工作内容	所需时间
1		

续表

序号	工作内容	所需时间
2		
3		
4		
5		

四、任务实施

按照表 4–1–2 所列的操作步骤提示完成本项目。

表 4–1–2　操作步骤提示

序号	操作步骤	内容
1	创建、保存演示文稿	创建空白演示文稿，保存并命名
2	在幻灯片中编辑文本	编辑标题幻灯片、插入新幻灯片、录入文本并进行编辑
3	修改幻灯片版式	修改幻灯片版式，选择版式中的第二行第一列版式
4	插入图片	在需要图片的位置插入相对应的图片，并调整图片的位置和大小
5	在幻灯片中插入智能图形	将目录修改为智能图形（可自行选择），根据所需元素个数对智能图形元素个数进行微调，多余的可以选中后删除，并将文字设置为合适的大小

将实训过程中遇到的疑点、难点及相应的解决方法和心得体会记录在表 4–1–3 中，并在组内进行讨论和分享。

表 4-1-3　经验和心得记录

序号	涉及的操作步骤	经验和心得

五、总结与评价

实训任务完成后，以适当的形式在班级内展示学习成果，交流学习心得，并归纳、总结实训中的收获，纳入思维导图中。

采用学生自评、学生互评与教师评价相结合的多元评价方式，按表 4-1-4 所列评价项目完成实训评价。

表 4-1-4　实训评价

序号	评价项目	评价要求	分值	学生自评 /30%	学生互评 /30%	教师评价 /40%
1	自主复习	实训前能应用思维导图复习、总结学过的内容	5			
2	计划制订	对实训任务的分析准确、到位，有明确与可行的操作步骤	10			
3	任务实施及检查评估	操作熟练、得当，成果能满足任务要求，具体包括： 1. 能创建、保存新的演示文稿并正确命名（10 分） 2. 能增加、删除幻灯片，并进行幻灯片版式修改（10 分） 3. 能完成幻灯片文本编辑，及图片、智能图形等的插入及编辑（40 分） 4. 能使用正确的名称、文件类型和存储路径保存文件（10 分）	70			

续表

序号	评价项目	评价要求	分值	学生自评/30%	学生互评/30%	教师评价/40%
4	成果展示及学习心得交流	成果展示与汇报时，能使用专业术语，口头表达准确，语言清晰流畅，发言声音洪亮，倾听汇报耐心，仪态大方	10			
5	自主总结	能将实训后的收获进行梳理、总结并纳入思维导图中	5			
6	6S 规范	每发现 1 次不符合规范的操作扣 2 分；若违反安全操作规范实训成绩记 0 分	/			
综合得分			100			

六、实训拓展

1. 根据所给素材，为生物兴趣小组“认识枸杞”专题活动制作“枸杞介绍”演示文稿，参考图 4-1-2 所示效果自行设计，完成演示文稿的制作。

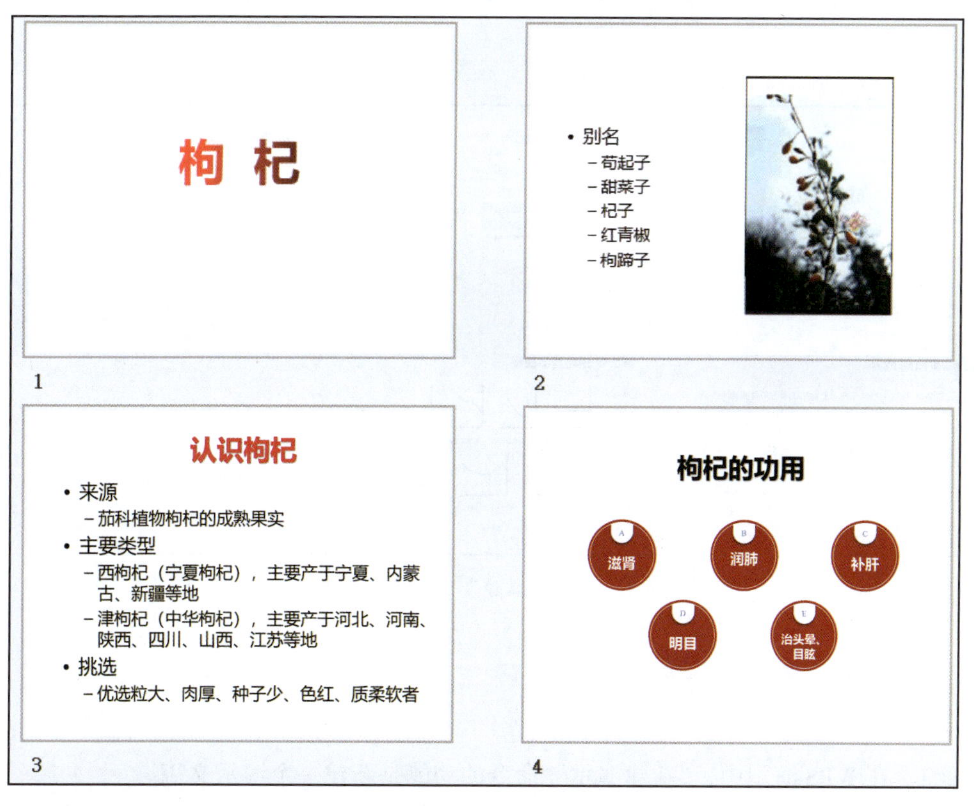

图 4-1-2 “枸杞介绍”演示文稿效果图

2. 根据所给文字和图片素材，为学院的“健康饮食”专题活动制作一个关于营养物质组成的演示文稿，参考图 4-1-3 所示效果完成演示文稿的制作。

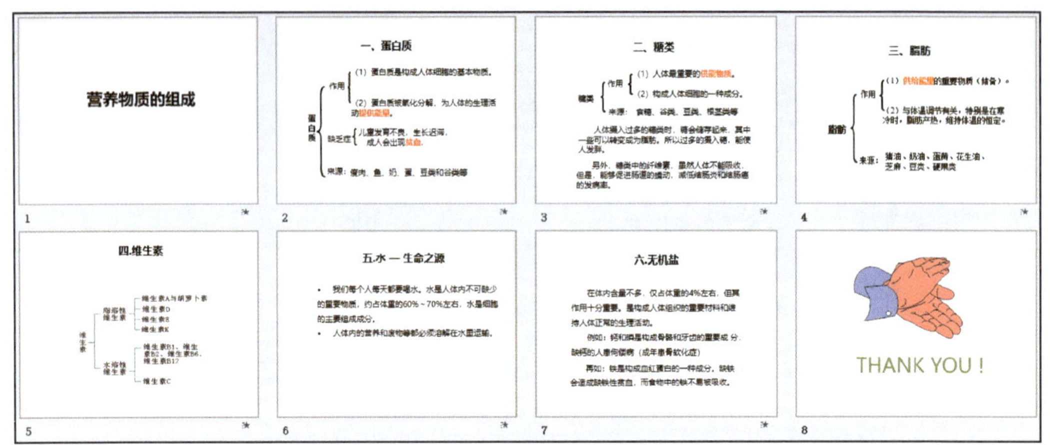

图 4-1-3 “营养物质的组成”演示文稿效果图

3. 学院会计专业张老师要求同学们将上节课讲的关于成本概念的内容，在计算机上用演示文稿的方式进行总结回顾，根据所给素材，参考图 4-1-4 所示效果完成演示文稿的制作。

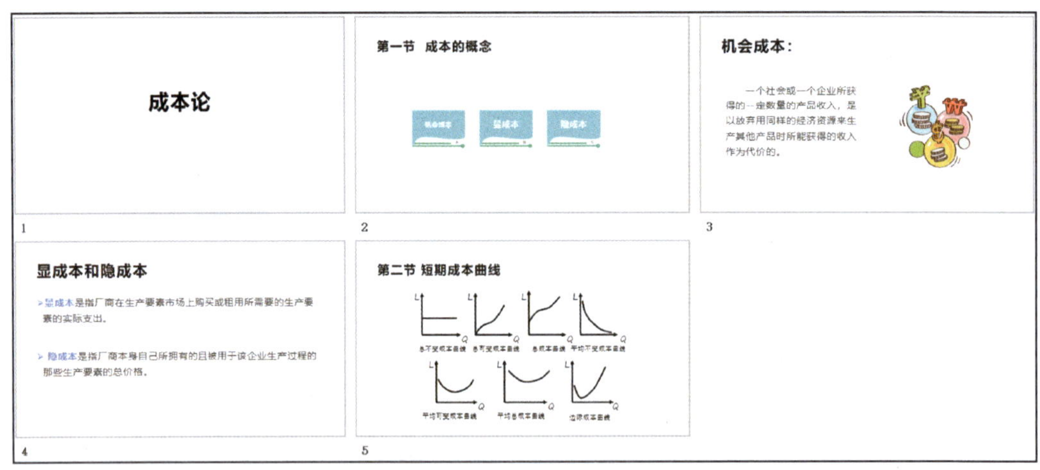

图 4-1-4 “成本论”演示文稿效果图

七、知识巩固与提高

1. 判断题

（1）在 WPS 演示中，“新建演示”命令的功能是新建一个演示文稿。（ ）

（2）选中一张幻灯片后，按 Delete 键可以将其删除。（ ）

（3）WPS 演示文稿可插入剪贴画，但不能插入 .jpg、.gif、.bmp 等格式的图形文件。（　　）

（4）在幻灯片浏览视图中不可以编辑幻灯片中的内容。（　　）

（5）在 WPS 演示中，不能插入声音文件。（　　）

2. 选择题

（1）WPS 演示文稿能以不同的文件格式保存，默认的扩展名为（　　）。

A. wps　　B. dps　　C. ppt　　D. pptx

（2）在 WPS 演示文稿中按（　　）快捷键可以保存演示文稿。

A. Ctrl+R　　B. Ctrl+Z　　C. Ctrl+Y　　D. Ctrl+S

（3）在下列选项中，不能成功启动 WPS 演示文稿的方法是（　　）。

A. 双击 WPS 演示文稿图标

B. 单击一个 WPS 演示文稿

C. 依次单击“开始”—“程序”—“WPS 演示文稿”

D. 双击一个 WPS 演示文稿

（4）在普通视图中按（　　）键可切换到当前幻灯片的上一张。

A. Page Up　　B. Page Down　　C. Home　　D. End

（5）新建一个演示文稿时，第一张幻灯片的默认版式是（　　）。

A. 项目清单　　B. 两栏文本　　C. 标题幻灯片　　D. 空白

（6）在以下几种视图中，能够增添和显示备注文字的视图是（　　）。

A. 幻灯片放映视图　　B. 大纲视图

C. 幻灯片阅读视图　　D. 普通视图

（7）下列关于 WPS 演示中预设“形状”的使用，叙述不正确的是（　　）。

A. 通过“插入”菜单中的“形状”命令可插入各类预设“形状”

B. 同一幻灯片中的“形状”可任意组合，形成一个对象

C.“形状”内不能添加文本

D. 采用鼠标拖动的方式能够改变“形状”的大小与位置

（8）在 WPS 演示中插入一段轻音乐作为背景音乐，可依次单击（　　）。

A.“插入”“文本框”　　B.“插入”“音频”

C.“插入”“图片”　　D.“插入”“视频”

（9）在 WPS 演示中，不可以插入（　　）。

A. 文本、视频　　B. 图片、Flash 动画

C. 声音、视频　　D. 文件夹

（10）制作演示文稿时，用形状和图片搭配制作一个图形，要求形状和图片保持大小和位置的相对固定，可以借助（　　）功能实现。

A. 填充　　B. 自定义动画

C. 组合　　D. 裁剪

实训项目二
美化“珠海之行”演示文稿——WPS 演示文稿的美化

一、实训任务

演示文稿的文字内容和图片放好后，还显得有些单调，需要进一步美化。利用学过的方法对演示文稿进行美化，使其变得更加精美，完成效果如图 4-2-1 所示。

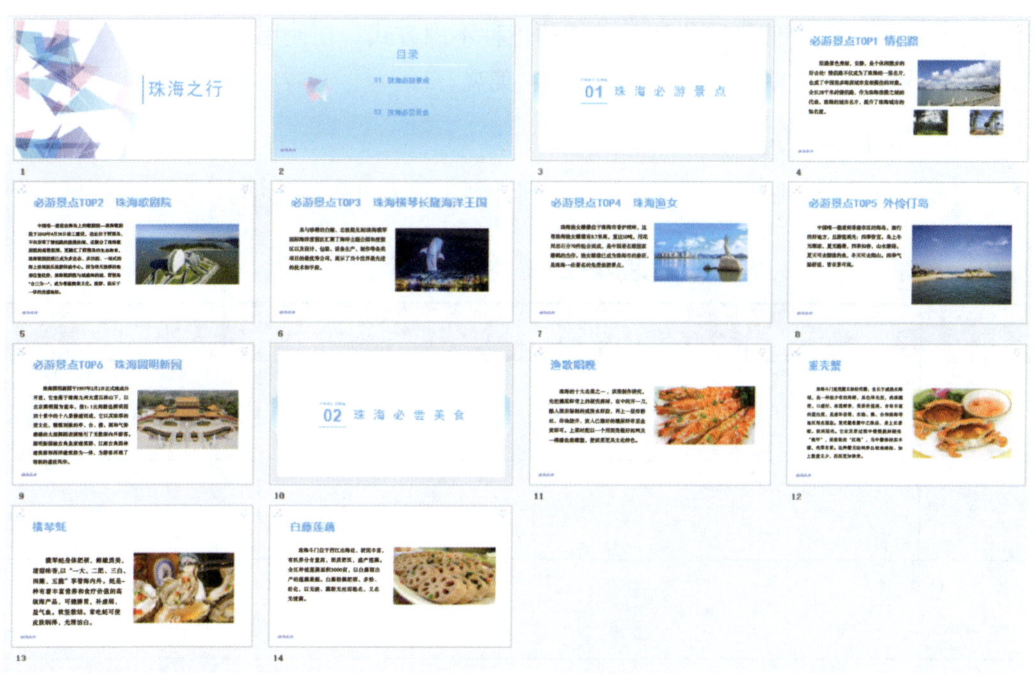

图 4-2-1　项目 2 最终效果

二、任务分析

要完成本项目，应按照以下思维导图复习教材中学到的知识技能点。

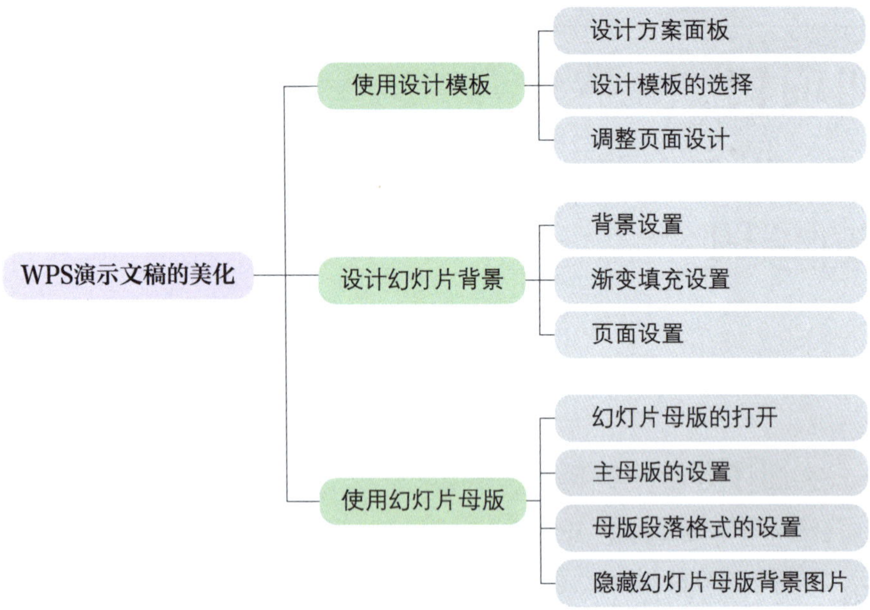

完成本项目需要使用美化演示文稿的三种不同方式。在使用过程中需要注意演示文稿的色彩搭配，让整个文稿看起来舒适、美观。

三、制订计划

根据任务分析，制订完成本项目的实训计划，填入表 4-2-1 中。

表 4-2-1　实训计划

序号	工作内容	所需时间
1		
2		
3		
4		

四、任务实施

按照表 4–2–2 所列的操作步骤提示完成本项目。

表 4–2–2　操作步骤提示

序号	操作步骤	内容
1	设计模板的运用	对演示文稿整体应用设计模板中的“商业发布会”模板（也可自行选择其他模板）
2	幻灯片的背景设计	将目录幻灯片背景设置为渐变填充
3	幻灯片母版的设计与使用	为所有带有“标题和内容”的幻灯片设置幻灯片母版效果：在幻灯片左下角插入艺术字“珠海之行”（效果自行设计）

将实训过程中遇到的疑点、难点及相应的解决方法和心得体会记录在表 4–2–3 中，并在组内进行讨论和分享。

表 4–2–3　经验和心得记录

序号	涉及的操作步骤	经验和心得

五、总结与评价

实训任务完成后，以适当的形式在班级内展示学习成果，交流学习心得，并归纳、总结实训中的收获，纳入思维导图中。

采用学生自评、学生互评与教师评价相结合的多元评价方式，按表 4–2–4 所列评价项目完成实训评价。

表 4-2-4　实训评价

序号	评价项目	评价要求	分值	学生自评/30%	学生互评/30%	教师评价/40%
1	自主复习	实训前能应用思维导图复习、总结学过的内容	5			
2	计划制订	对实训任务的分析准确、到位，有明确与可行的操作步骤	10			
3	任务实施及检查评估	操作熟练、得当，成果能满足任务要求，具体包括： 1. 能根据演示文稿的内容选择合适的设计模板（20 分） 2. 能够配合设计母版整体配色要求完成一张或多张幻灯片背景的更改（20 分） 3. 能利用幻灯片母版为幻灯片设置统一的风格（20 分） 4. 配色合理、舒适（10 分）	70			
4	成果展示及学习心得交流	成果展示与汇报时，能使用专业术语，口头表达准确，语言清晰流畅，发言声音洪亮，倾听汇报耐心，仪态大方	10			
5	自主总结	能将实训后的收获进行梳理、总结并纳入思维导图中	5			
6	6S 规范	每发现 1 次不符合规范的操作扣 2 分；若违反安全操作规范实训成绩记 0 分	/			
	综合得分		100			

六、实训拓展

1. 上一项目完成的“枸杞介绍”演示文稿还需进一步修改，使其看起来更美观，更有吸引力，参考图 4-2-2 所示效果对其进行美化。

2. 利用所学知识，自行设计，对上一项目完成的“营养物质组成”演示文稿和“成本论”演示文稿做进一步的美化。

图 4-2-2 “枸杞介绍”演示文稿美化后的效果

七、知识巩固与提高

1. 判断题

（1）在 WPS 演示中，利用“模板”可以创建具有一定图案背景和色彩的演示文稿。（　　）

（2）WPS 演示通过母版来控制幻灯片的不同部分，对标题母版所做的修改不会影响到非标题版式的幻灯片。（　　）

（3）在 WPS 演示中，幻灯片页眉和页脚设置的内容将会在演示文稿的每一张幻灯片中显示出来。（　　）

（4）在 WPS 演示中，要想让一张幻灯片中的内容分步出现，可以通过“自定义放映”功能进行设置。（　　）

（5）在 WPS 演示中，不能为插入的“艺术字”添加动画效果。（　　）

2. 选择题

（1）要真实改变幻灯片的大小，可通过（　　）来实现。

A. 在一般视图下直接拖动幻灯片的四条边框

B. 在“视图”工具栏上的“显示比率”列表框中选择

C. 选择“格式”下的“幻灯片版面设置”命令

D. 选择“文件”下的“页面设置”命令

（2）WPS演示文稿母版有（　　）种类型。

A. 3　　B. 5　　C. 4　　D. 6

（3）如果希望将幻灯片由横排变为竖排，需要更换（　　）。

A. 版式　　B. 背景

C. 设计模板　　D. 幻灯片切换方式

（4）要在演示文稿所有幻灯片的左上角统一添加徽标，最便捷的途径是（　　）。

A. 选择幻灯片版式　　B. 应用设计模板

C. 设置背景　　D. 编辑幻灯片母版

（5）在幻灯片母版进行有关设置，可以起到统一（　　）的作用。

A. 整套幻灯片的风格　　B. 图片内容

C. 页码内容　　D. 标题内容

（6）要设置幻灯片的大小和方向，应选择“文件”菜单中的（　　）命令。

A. 格式　　B. 保存　　C. 关闭　　D. 页面设置

（7）在WPS演示中，下列关于页眉、页脚的描述中错误的是（　　）。

A. 可以自定义页脚内容　　B. 可以显示当前日期

C. 可以显示幻灯片编号　　D. 不能固定显示日期

（8）演示文稿的设计包括（　　）。

A. 内容和结构的设计　　B. 版面和风格的设计

C. 色彩搭配和图片的设计　　D. 以上三项均包括

（9）在美化演示文稿版面时，以下说法中不正确的是（　　）。

A. 套用模板后将使整套演示文稿具有统一的风格

B. 可以对某张幻灯片的背景进行设置

C. 可以对某张幻灯片修改配色方案

D. 无论是套用模板、修改配色方案、设置背景，都只能对所有幻灯片进行统一设置

（10）WPS演示提供了多种（　　），包含相应的配色方案和字体样式等，可供用户快速生成风格统一的演示文稿。

A. 新幻灯片　　B. 模板　　C. 配色方案　　D. 母版

实训项目三
放映“珠海之行”演示文稿——WPS 演示文稿的放映

一、实训任务

张丽同学已经编辑并美化了自己创作的“珠海之行”演示文稿，为了展示效果更好，更有互动性，还需要为演示文稿设置放映动画效果。

二、任务分析

要完成本项目，应按照以下思维导图复习教材中学到的知识技能点。

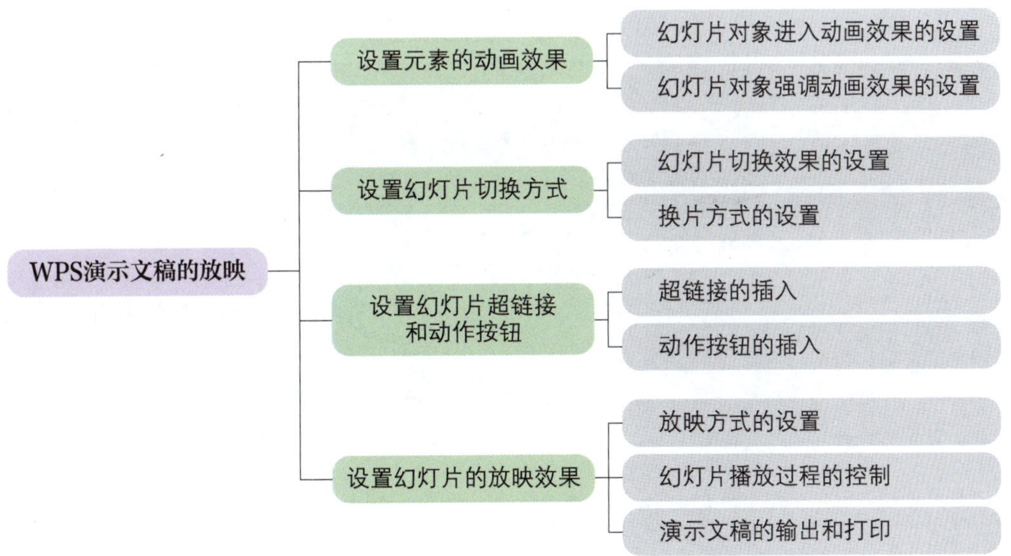

完成本项目需要设置幻灯片元素动画效果、幻灯片切换效果，添加超链接和动作按钮，并完成其他相关的放映设置。

三、制订计划

根据任务分析，制订完成本项目的实训计划，填入表 4-3-1 中。

表 4-3-1　实训计划

序号	工作内容	所需时间
1		
2		
3		
4		
5		

四、任务实施

按照表 4-3-2 所列的操作步骤提示完成本项目。

表 4-3-2　操作步骤提示

序号	操作步骤	内容
1	设置元素动画效果	标题幻灯片动画效果：将竖线和文字一起选中，添加“飞入”动画，方向为“左侧”，速度为“快速（1 秒）”
		目录幻灯片动画效果：首先将幻灯片中所有元素均添加“擦除”动画，方向为“自左侧”，速度为“快速（1 秒）”，分别选中正文内容中的“珠海必游景点”和“珠海必尝美食”，在“开始:”处选择“在上一动画之后”
		第 3、第 10 张幻灯片动画效果：同时选中幻灯片中的所有元素，添加“百叶窗”动画，设置选择默认效果；单独选中“珠海必游景点”，在“开始:”处选择“在上一动画之后”
		其余幻灯片动画效果：添加“擦除”动画，其余使用默认设置，或按自己喜好逐一进行设置
2	设置幻灯片切换方式	幻灯片切换统一选择“擦除”效果，选中“单击鼠标时换片”，单击“应用到全部”，也可根据自己的喜好进行选择

续表

序号	操作步骤	内容
3	设置幻灯片超链接和动作按钮效果	对目录幻灯片中目录内容分别添加超链接，链接到对应幻灯片内容；在第 9 张幻灯片右下角添加自定义动作按钮“返回”（可灵活添加调整此按钮的进入动画效果），并链接到目录幻灯片
4	设置幻灯片放映效果	设置幻灯片放映方式，放映类型为“演讲者放映（全屏幕）”，放映选项中设置为“循环放映”，换片方式设为“手动”，其余使用默认设置

将实训过程中遇到的疑点、难点及相应的解决方法和心得体会记录在表 4-3-3 中，并在组内进行讨论和分享。

表 4-3-3　经验和心得记录

序号	涉及的操作步骤	经验和心得

五、总结与评价

实训任务完成后，以适当的形式在班级内展示学习成果，交流学习心得，并归纳、总结实训中的收获，纳入思维导图中。

采用学生自评、学生互评与教师评价相结合的多元评价方式，按表 4-3-4 所列评价项目完成实训评价。

表 4-3-4　实训评价

序号	评价项目	评价要求	分值	学生自评/30%	学生互评/30%	教师评价/40%
1	自主复习	实训前能应用思维导图复习、总结学过的内容	5			

续表

序号	评价项目	评价要求	分值	学生自评/30%	学生互评/30%	教师评价/40%
2	计划制订	对实训任务的分析准确、到位，有明确与可行的操作步骤	10			
3	任务实施及检查评估	操作熟练、得当，成果能满足任务要求，具体包括： 1. 能设置元素的动画效果（20 分） 2. 能设置幻灯片的切换方式（10 分） 3. 能设置幻灯片的超链接和动作按钮效果（30 分） 4. 能设置幻灯片的放映效果（10 分）	70			
4	成果展示及学习心得交流	成果展示与汇报时，能使用专业术语，口头表达准确，语言清晰流畅，发言声音洪亮，倾听汇报耐心，仪态大方	10			
5	自主总结	能将实训后的收获进行梳理、总结并纳入思维导图中	5			
6	6S 规范	每发现 1 次不符合规范的操作扣 2 分；若违反安全操作规范实训成绩记 0 分	/			
综合得分			100			

六、实训拓展

针对上一项目完成的三个演示文稿，结合其内容设计合适的放映效果，并在小组内向其他成员展示。

七、知识巩固与提高

1．判断题

（1）为演示文稿中的图形和文本对象设置动画效果的方法相同。（　　）

（2）在 WPS 演示中，若想在一张纸上打印多张幻灯片，必须按大纲方式打印。（　　）

（3）在 WPS 演示中，可以直接按 END 键终止当前幻灯片的放映。（　　）

（4）WPS 演示中的超链接不可以链接到网站。（　　）

（5）幻灯片的背景可以是动画。（　　）

2. 选择题

（1）在 WPS 演示中，要从第三张幻灯片跳转到第五张幻灯片，需要在第三张幻灯片上设置（　　）。

A. 动作按钮　　B. 预设动画

C. 幻灯片切换　　D. 自定义动画

（2）在 WPS 演示中，“超级链接”命令可实现（　　）。

A. 幻灯片之间的跳转　　B. 演示文稿幻灯片的移动

C. 中断幻灯片的放映　　D. 在演示文稿中插入幻灯片

（3）在 WPS 演示中，关于对幻灯片中的对象设置超链接，以下说法中错误的是（　　）。

A. 可以链接音、视频文件　　B. 可以链接到本文档的其他幻灯片

C. 可以链接本文档的最后一张幻灯片　　D. 不可以链接到其他演示文稿

（4）在 WPS 演示中，对演示文稿中的对象添加超链接，所链接的目标不能是（　　）。

A. 该演示文稿中的某一张幻灯片　　B. 幻灯片中的某张图片

C. 另一个演示文稿　　D. 电子邮件地址

（5）幻灯片内的动画效果，通过“动画”选项卡的“(　　)”命令来设置。

A. 幻灯片切换　　B. 动画预览

C. 动作设置　　D. 自定义动画

（6）在 WPS 演示中，下列动画效果中只能应用于文本对象的是（　　）。

A. 驶入效果　　B. 打字机效果

C. 照相效果　　D. 飞入效果

（7）若想在幻灯片放映时以 2 s 为时间单位自动换片，则应对幻灯片进行（　　）设置。

A. 幻灯片切换　　B. 版式

C. 动作　　D. 自定义动画

（8）在 WPS 演示中，幻灯片的切换方式是指（　　）。

A. 编辑幻灯片时切换不同视图

B. 编辑幻灯片时切换不同的设计模板

C. 编辑新幻灯片时的过渡形式

D. 幻灯片放映时两张幻灯片间的过渡方式

（9）在 WPS 演示中，要给幻灯片添加过渡效果，可以通过设置（　　）实现。

A. 幻灯片切换　　B. 幻灯片放映

C. 自定义动画　　D. 超链接

（10）如果需要将演示文稿置于另一台未安装 WPS Office 或兼容软件的计算机上放映，应该对演示文稿进行（　　）。

A. 打包　　B. 打印　　C. 复制　　D. 移动

模块五

精彩的网络资源

实训项目一
搜索和保存学习资源——互联网的应用

一、实训任务

利用网络可以搜索和下载许多学习资源。小李同学参加一个关于 Access 的线上培训，现需登录华为 ICT 学院，查找相关培训资料，完成现场学习，并将资料保存到云存储中。

二、任务分析

要完成本项目，应按照以下思维导图复习教材中学到的知识技能点。

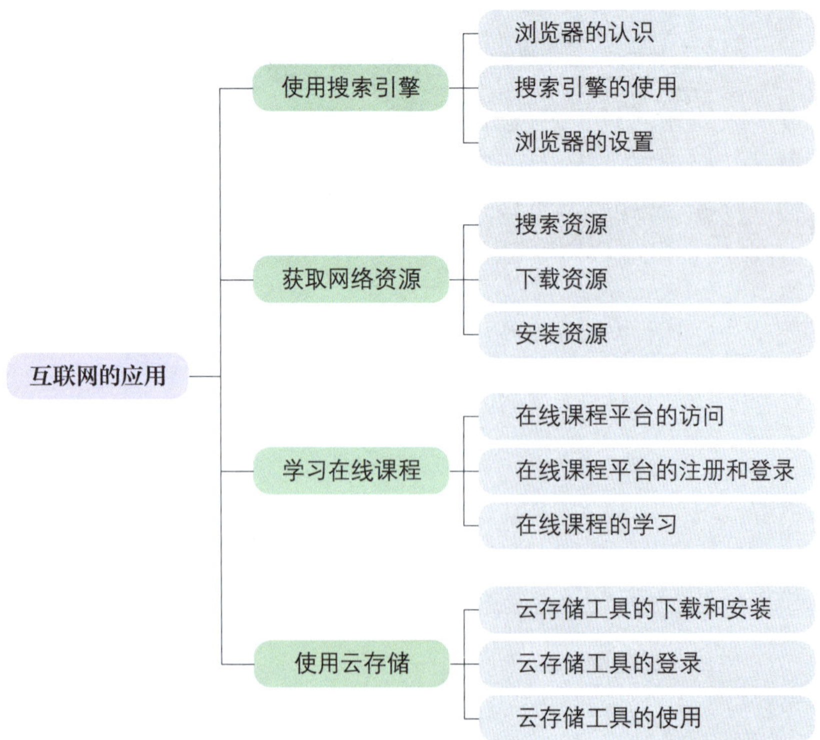

在完成项目的过程中，需要先使用搜索引擎找到有用的信息，对于有价值的信息注意复制、收藏或下载备用，同时也可以对自己关注的知识进行在线学习，对于搜索到的资料可存储到云上，方便日后与他人分享。

三、制订计划

根据任务分析，制订完成本项目的实训计划，填入表 5–1–1 中。

表 5–1–1　实训计划

序号	工作内容	所需时间
1		
2		
3		
4		

四、任务实施

打开计算机的浏览器，按照表 5–1–2 所列的操作步骤提示完成本项目。

表 5–1–2　操作步骤提示

序号	操作步骤	内容
1	打开搜索引擎	在浏览器中打开百度搜索引擎
2	使用搜索引擎搜索信息	在搜索引擎中输入关键字“华为 ICT 学院”，单击“百度一下”
3	浏览搜索结果，找到有用的信息	浏览搜索结果，找到“华为 ICT 学院”的官方网站
4	找到并下载有用的资源	在“华为 ICT 学院”官方网站上注册会员，浏览“认证”–“职业认证”，了解华为公司对 ICT 人才的职业认证体系，找到“工程师 HCIA：HCIA–Access”，了解 HCIA–Access 的认证信息，单击“认证流程 –2 认证学习”，在本页面可以获取到相关学习资源（培训教材、实验手册、模拟试题等），单击“培训教材 HCIA–Access V2.5 培训教材 .pdf”，下载该教材

续表

序号	操作步骤	内容
5	在线学习	在上述“认证流程 -2 认证学习”页面中有在线学习的课程清单，单击“HCIA-Access V2.5 华为认证接入网工程师在线课程”，跳转到 HCIA-Access V2.5 华为认证接入网工程师在线课程的页面，了解课程信息、课程大纲、课程评价等，单击“报名学习”，报名后单击“查看课程”进入在线课程学习
6	使用云存储	在浏览器中打开百度搜索引擎，搜索“百度网盘”，找到百度的云存储，单击“进入网盘”，单击“去登录”登录到网盘，如果是初次使用则单击“立即注册”进行注册。单击“上传文件”，弹出打开文件的对话框，将本任务下载的教材（HCIA-Access V2.5 培训教材 .pdf）上传到网盘。待“正在上传”进度条到 100% 后，上传完成

将实训过程中遇到的疑点、难点及相应的解决方法和心得体会记录在表 5-1-3 中，并在组内进行讨论和分享。

表 5-1-3　经验和心得记录

序号	涉及的操作步骤	经验和心得

五、总结与评价

实训任务完成后，以适当的形式在班级内展示学习成果，交流学习心得，并归纳、总结实训中的收获，纳入思维导图中。

采用学生自评、学生互评与教师评价相结合的多元评价方式，按表 5-1-4 所列评价项目完成实训评价。

表 5-1-4 实训评价

序号	评价项目	评价要求	分值	学生自评/30%	学生互评/30%	教师评价/40%
1	自主复习	实训前能应用思维导图复习、总结学过的内容	5			
2	计划制订	对实训任务的分析准确、到位，有明确与可行的操作步骤	10			
3	任务实施及检查评估	操作熟练、得当，成果能满足任务要求，具体包括： 1. 能使用搜索引擎搜索信息，且关键字设置正确（10 分） 2. 能检索到有用的信息（15 分） 3. 能下载到相关资料（10 分） 4. 能学习相关课程（10 分） 5. 能成功注册并登录云存储账户（15 分） 6. 能正确上传文档（10 分）	70			
4	成果展示及学习心得交流	成果展示与汇报时，能使用专业术语，口头表达准确，语言清晰流畅，发言声音洪亮，倾听汇报耐心，仪态大方	10			
5	自主总结	能将实训后的收获进行梳理、总结并纳入思维导图中	5			
6	6S 规范	每发现 1 次不符合规范的操作扣 2 分；若违反安全操作规范实训成绩记 0 分	/			
		综合得分	100			

六、实训拓展

1. 高效地使用搜索引擎

在利用网络进行信息搜索时，为了减少无用信息对搜索结果的影响，提高搜索效率，可以使用搜索引擎的高级搜索功能。对照表 5-1-5 所列出的高级搜索功能及其使用方法，对各种高级搜索功能进行练习。

表 5-1-5　高级搜索功能及其使用方法

序号	功能及格式	使用方法	应用实例
1	“关键词”	双引号，精确搜索，会完全匹配引号内的关键词，搜索结果中必须包含与引号中完全相同的内容	“华为 ICT 学院”
2	关键词 +filetype:格式	指定文件类型搜索，较严格；平时也可以直接用“文件名 + 格式”搜索	华为 HCIA-Access V2.5 培训教材 filetype:pdf
3	site:域名 + 关键词	在指定网站内搜索，只搜索目标网站中的内容	site:edu.51cto.com/ 华为认证 HCIA （在 51CTO 的网站内搜索有关“华为认证 HCIA”的信息）
4	星号（*）	星号，通配符，模糊搜索。如果忘记了搜索字段的某一部分，可以用 * 代替	华为 * 学院
5	intitle:关键词	搜索标题中包含的关键词	intitle:华为认证 HCIA （搜索标题中包含“华为认证 HCIA”的内容）
6	组合使用	在指定网站内搜索，标题中包含关键词信息	site:edu.51cto.com/ intitle:华为认证 HCIA

2. 网盘文件同步

在不同场所使用同一个账号登录客户端，利用网盘提供的同步功能，即可实现对同一文件编辑修改的自动同步。登录“百度网盘”客户端，单击左侧的“同步空间”按钮，激活后，阅读帮助文件，了解其主要功能和使用方法，并尝试进行同步操作。

七、知识巩固与提高

1. 判断题

（1）在互联网中，通过搜索引擎得到的资源都是安全的，可以放心下载。（　　）

（2）下载软件时，应到软件提供商的官方网站下载，以确保安全。（　　）

（3）在互联网中，各个网站均已设置了安全防范措施，用户无须担心个人信息泄露等问题。（　　）

（4）在通过互联网进行交流时，虽可以使用虚拟身份，但也必须注意言行。（　　）

（5）任何个人和组织不得窃取或者以其他非法方式获取个人信息，不得非法出售或者非法向他人提供个人信息。（ ）

2. 单选题

（1）下列选项中不属于搜索引擎的网址是（ ）。

A. www.baidu.com B. cn.bing.com

C. www.so.com D. www.pconline.com

（2）在搜索引擎中搜索某产品信息时，以下操作存在安全隐患的是（ ）。

A. 选择来自官方网站的搜索结果

B. 选择排位第一的搜索结果

C. 选择不带“广告”字样的搜索结果

D. 选择来自大型综合门户网站的搜索结果

（3）在搜索引擎录入关键词时，在关键词中加入星号（*）的主要目的是（ ）。

A. 模糊搜索 B. 智能搜索 C. 快速搜索 D. 精确搜索

（4）在搜索引擎输入关键词时，在双引号（“”）中加入关键词，其主要目的是（ ）。

A. 模糊搜索 B. 智能搜索 C. 快速搜索 D. 精确搜索

（5）使用搜索引擎搜索信息时，为便于再次查看，对于有保留价值的若干搜索结果，最常用的操作是（ ）。

A. 打印 B. 设为主页 C. 加入收藏夹 D. 抄录网址

（6）对于使用浏览器下载资源，下列说法中正确的是（ ）。

A. 只能将文件保存到桌面

B. 可以将文件保存到任意文件夹中

C. 只能将文件保存到软件的“下载”文件夹中

D. 下载的文件应及时移动到其他文件夹，否则浏览器关闭后将被删除

（7）在线学习平台可以提供的学习资源类型包括（ ）。

A. 视频 B. 音频 C. 文本 D. 以上均包括

（8）以下云存储的优势不包括（ ）。

A. 存储容量大

B. 便于多地同时编辑、查看文件

C. 便于与他人分享文件

D. 无须注册账户，匿名使用，保护隐私

（9）使用百度网盘分享文件时，访问人数最多可设为（　　）。

A. 1 人　　B. 不限　　C. 10 人　　D. 7 人

（10）关于向百度网盘上传资料，以下说法中正确的是（　　）。

A. 既可以上传文件，也可以上传文件夹

B. 只可以上传文件，不可以上传文件夹

C. 不可以上传文件，可以上传文件夹

D. 只可以上传指定格式的文件

实训项目二
制定“小组协作分工进度表”——网上协同办公

一、实训任务

19 电气①班需要准备期末学习成果展示，以小组合作的方式完成作品汇报。为提高工作效率，合理安排工作内容和时间，以小组为单位制定“小组协作任务进度表”，由各小组成员填写工作计划和工作进度，效果如图 5-2-1 所示。

小组协作任务进度表

任务名称	网络实训室建设方案项目					
小组成员	钱一、蔡二、张三、李四、王五、赵六					
任务目标	完成实训室设计工作，包括装修设计、综合布线规划、网络地址规划、实训室 6S 管理规定制作、文档撰写、展示汇报等内容。					
任务进度						
序号	姓名	分工内容	第一周完成情况		第二周完成情况	
			工作计划	完成情况	工作计划	完成情况
1	钱一	实训室平面设计、装修设计	完成 CAD 平面图纸设计	已完成	3D 装修设计图	
2	蔡二	综合布线规划设计	实训室勘测	已完成	耗材统计	
3	张三	网络地址规划	信息点采集	已完成	IP 地址规划	
4	李四	实训室 6S 管理规定制作	6S 实训室素材	未完成	6S 管理方案文档	
5	王五	项目文档撰写	文档初稿	未完成。计划下周一完成	文档终稿	
6	赵六	展示材料制作	PPT 制作	未完成。计划下周一完成	演讲稿	

图 5-2-1　小组协作分工进度表

二、任务分析

要完成本项目，应按照以下思维导图复习教材中学到的知识技能点。

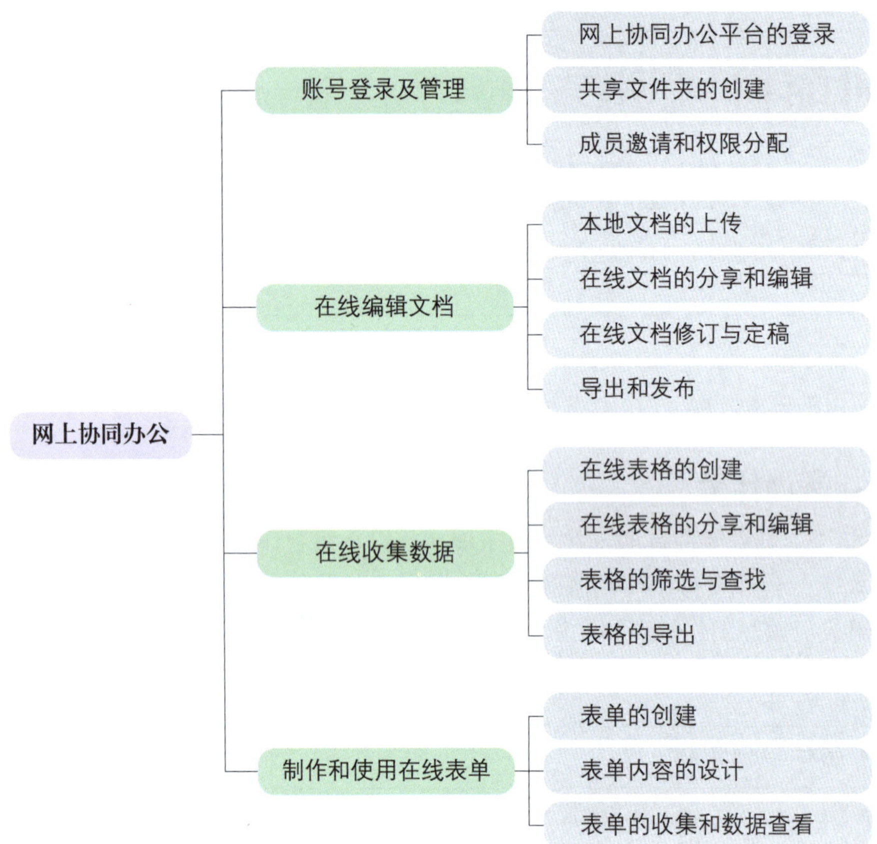

本项目需要小组协作完成，制作过程可以分为以下几个步骤：一是基础表格的制作和上传，直接利用教材提供的表格素材上传至金山文档；二是表格共享和发布，生成表格共享链接或二维码，发布给协作的组员，分配合适的编辑权限；三是组员在线填写，通过访问共享链接或二维码访问共享表格并填写内容。

三、制订计划

根据任务分析，制订完成本项目的实训计划，填入表 5-2-1 中。

表 5-2-1　实训计划

序号	工作内容	所需时间
1		

续表

序号	工作内容	所需时间
2		
3		
4		

四、任务实施

按照表 5-2-2 所列的操作步骤提示完成本项目。

表 5-2-2　操作步骤提示

序号	操作步骤	内容
1	打开文件	打开素材文件“5-2-1.xlsx”，编辑基本内容
2	上传文件	登录金山文档账号；上传本地素材文件至金山文档
3	文件共享及发布	共享表格，生产共享链接或二维码，发送给组员
4	组员协同编辑	组员访问共享链接，登录金山文档，填写表格内容

将实训过程中遇到的疑点、难点及相应的解决方法和心得体会记录在表 5-2-3 中，并在组内进行讨论和分享。

表 5-2-3　经验和心得记录

序号	涉及的操作步骤	经验和心得

五、总结与评价

实训任务完成后，以适当的形式在班级内展示学习成果，交流学习心得，并归纳、总结实训中的收获，纳入思维导图中。

采用学生自评、学生互评与教师评价相结合的多元评价方式，按表5-2-4所列评价项目完成实训评价。

表5-2-4　实训评价

序号	评价项目	评价要求	分值	学生自评/30%	学生互评/30%	教师评价/40%
1	自主复习	实训前能应用思维导图复习、总结学过的内容	5			
2	计划制订	对实训任务的分析准确、到位，有明确与可行的操作步骤	10			
3	任务实施及检查评估	操作熟练、得当，成果能满足任务要求，具体包括： 1. 表格内容编辑正确，格式排版符合要求（20分） 2. 能成功上传本地表格文件到金山文档（10分） 3. 能生成合法的分享链接（10分） 4. 分享的在线文档权限合理、时限正确（20分） 5. 协同成员可以访问链接，并进行协同编辑（10分）	70			
4	成果展示及学习心得交流	成果展示与汇报时，能使用专业术语，口头表达准确，语言清晰流畅，发言声音洪亮，倾听汇报耐心，仪态大方	10			
5	自主总结	能将实训后的收获进行梳理、总结并纳入思维导图中	5			
6	6S规范	每发现1次不符合规范的操作扣2分；若违反安全操作规范实训成绩记0分	/			
综合得分			100			

六、实训拓展

1. 制作部门年终总结协同编辑文档

某公司年底进行工作述职，需要各部门总结本年度工作情况，按照项目进行汇报。协助部门负责人制作年终总结协同文档，如图 5-2-2 所示。将其上传至协同办公平台，并设为允许其他人访问并协同编辑，以使部门员工共同填写。

XXX 部门年终总结

现将本部门年度工作情况汇报如下：

项目一：
项目成果：
存在的问题：
下一步工作计划：

项目二：
项目成果：
存在的问题：
下一步工作计划：

图 5-2-2　年终总结协同文档

2. 制作团队工作周报协作表

某团队为了按期完成项目实施和验收，对项目进行了明确分工，并要求各项目负责人每周完成项目情况汇报，并制订下周的工作计划。现需协助团队负责人通过金山文档制作在线表格，由各项目负责人协同填写，表格内容如图 5-2-3 所示，并生成共享二维码，如图 5-2-4 所示。

团队工作周报

本周工作总结：X年X月X日—X年X月X日

项目内容	项目负责人	事项进度	相关资料
项目一……			
项目二……			
项目三……			

下周工作计划：X年X月X日—X年X月X日

项目内容	项目负责人	预计完成时间	协助人员
项目一……			
项目二……			
项目三……			

图 5-2-3　团队工作周报

图 5-2-4　团队工作周报共享二维码

3. 制作团购订单统计表

某小区组织社区团购活动，以线上方式统计订购信息。协助其制作在线表单，并生成共享二维码完成信息收集，表单效果如图 5-2-5 所示，二维码效果如图 5-2-6 所示。

XXX小区团购在线统计表

选购商品后扫码支付并备注下单人信息以便核对，支付成功后上传付款截图，方可安排配送。

1. 要团购的商品

蔬菜A一份（含菜心1斤，番茄5个）
库存：100
价格：¥10　　0

蔬菜B一份（含生菜1斤，玉米2根）
库存：100
价格：¥10　　0

蔬菜C一份（含白菜1斤，胡萝卜1斤）
库存：100
价格：¥10　　0

肉类A一份（瘦肉1斤，鱼一条）
库存：100
价格：¥30　　0

2. 请扫码付款后，上传付款截图

图片同步至个人云文档空间

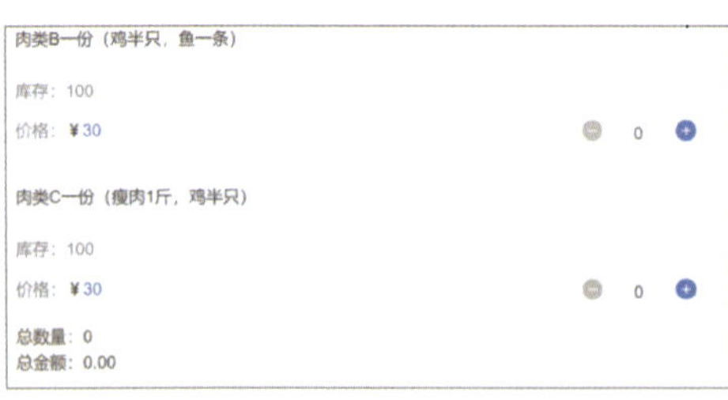
肉类B一份（鸡半只，鱼一条）
库存：100
价格：¥30　　0

肉类C一份（瘦肉1斤，鸡半只）
库存：100
价格：¥30　　0

总数量：0
总金额：0.00

3. 配送地址（如XXX小区6栋101）
请输入

*4. 手机号
请输入手机号码

保存草稿　提交

图 5-2-5　小区团购在线统计表

图 5-2-6　小区团购在线统计表共享二维码

七、知识巩固与提高

1. 判断题

（1）WPS 网上协同办公仅支持在线文字、表格和演示稿，不支持在线表单。（　　）

（2）WPS 协同文字在发起定稿后，可以继续编辑。（　　）

（3）WPS 协同演示文稿必须下载到本地才能播放。（　　）

（4）协同文档分享后，文档默认权限是“所有人可编辑”。（　　）

（5）协同文档支持匿名账号登录并分享文件。（　　）

2. 选择题

（1）在使用协作文档“评论”功能时，可以利用（　　）字符标记指定需要提醒的对象。

A. !　　B. @　　C. ^　　D. #

（2）以下关于协作文档定稿功能的说法中正确的是（　　）。

A. 定稿中的文档无法修改

B. 定稿后的文档无法修改

C. 定稿过程中对文档的任意修改将使该文档成为历史版本

D. 发起文档定稿前无须创建文档共享链接

（3）如需限制协作者在共享表格中的编辑范围，可以使用（　　）功能。

A. 文档定稿　　B. 文档加密保护

C. 数据有效性　　D. 区域权限

（4）在使用共享表格进行数据筛选时，为了不影响其他用户的数据显示，应该（　　）。

A. 打开“多人同步筛选”　　B. 关闭“多人同步筛选”

C. 打开“数据有效性”　　D. 关闭“数据有效性”

（5）以下应用中，可以用于收集包含图片、文件、地址定位等信息的是（　　）。

A. 在线表单　　B. 在线文档　　C. 在线表格　　D. 在线演示

（6）如需对在线文档所作修改进行恢复操作，可以使用（　　）功能。

A. 评论　　B. 修订　　C. 历史版本　　D. 审阅

（7）当在线文档开启限制编辑功能后，将出现（　　）。

A. 仅管理员可以编辑　　B. 仅共享者可以编辑

C. 所有人都无法编辑　　D. 所有人都可以编辑

（8）在线协作文档权限不包括（　　）。

A. 可查看　　B. 可下载　　C. 可评论　　D. 可编辑

（9）在线文档不可以通过（　　）途径发布共享。

A. URL 地址　　B. 二维码图片

C. 微信小程序　　D. 邮件

（10）将本地文档上传至在线共享文档后，对在线文档所作修改将（　　）。

A. 不会影响本地文档　　B. 同步本地文档

C. 被本地文档同步　　D. 无法保存